The Woolly Mammoth

Mammuthus Primigenius

絶滅の謎からクローン化まで

マンモス

福田正己

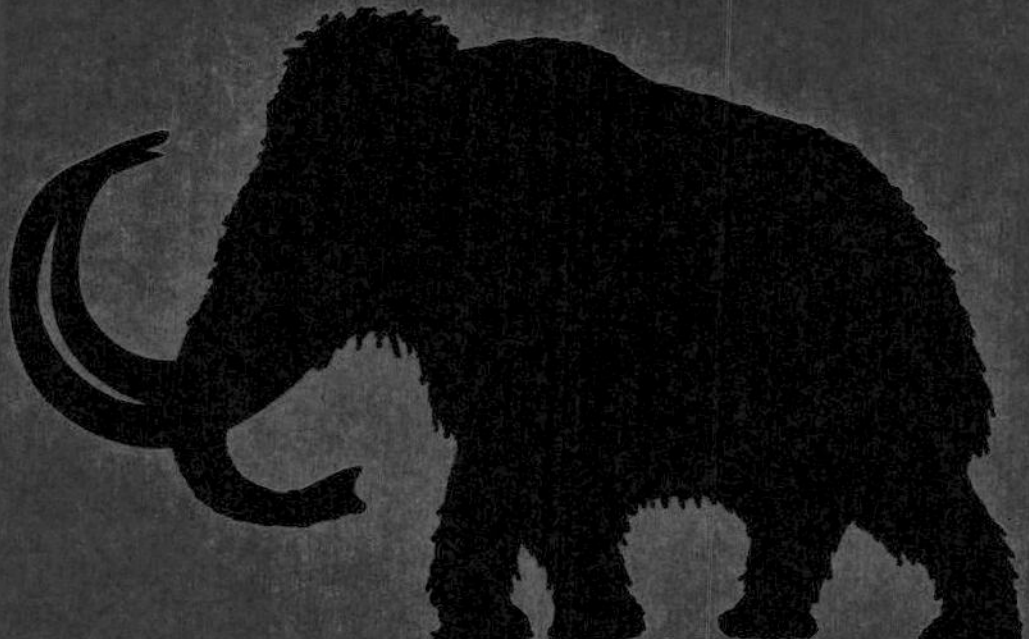

誠文堂新光社

はじめに

マンモスの研究を始めるまで、私はいくつもの道をたどってきました。永久凍土《えいきゅうとうど》についての現地調査をしたいと思っていた私は、一九八〇年以前からシベリアへ行きたいと思っていました。しかし、当時のソビエトの政治体制下では、外国人のシベリアへの立ち入りは制限されていたため、代わりにアラスカや南極を訪ねて調査をしていました。

ソビエトで政治改革（ペレストロイカ）が始まり、海外の研究者が訪れることができるようになったのは、一九八〇年代後半のことです。私はそれから二十一回もシベリアに赴《おもむ》きました。そして、不思議に思うことや興味深いことにたくさん出合い、研究の幅はさらに広まりました。

シベリアで永久凍土の調査をしているときに直面したのが、森林火災の問題です。飛行機に乗って窓から外を眺めると、森林火災の煙があちらこちらから立ち昇っている様子が見えます。この森林火災の影響で、大規模な永久凍土融解が多発していました。

また、海辺にはいたるところにマンモスの骨や牙が散乱していました。永久凍土の調査中には、凍ったマンモスの脚をはじめ、マンモスの遺骸《いがい》や牙がどんどん発見されました。私はそこからマンモスの絶滅について疑問を持つようになりました。マンモスはいつ、そしてなぜシベリアから消えたのか、どうして消えなければならなかったのか。

本書では、永久凍土や気候変動《きこうへんどう》の研究から見えてきたマンモス絶滅の謎や最近話題となっているマンモスのクローン化など、マンモスにまつわる話をまとめました。永久凍土から発見されるマンモスについて詳しく調べることは、絶滅したマンモスからのメッセージを紐解くこと。それは、この地球上に生きているすべての動物たちにもつながる大切なことを教えてくれるはずです。

ケナガマンモスの想像図。
写真：AuntSpray ／ Shutterstock.com

ケナガマンモスの頭部の骨格標本
（撮影協力：北海道博物館）

CONTENTS

はじめに …… 02

第1章
マンモスはどんな生き物？

マンモスは想像上の生き物？ …… 12
「マンモス」のさまざまな表現 …… 28
マンモスの歩いた道 …… 42
マンモスのからだ …… 74
〈コラム〉シベリアを拓いた人々 …… 94

第2章
マンモスの歴史

シベリアの永久凍土 ―永久凍土とは？― …… 102
永久凍土から発見されるマンモス …… 122

シベリアにマンモスがいた頃 …… 138
ケナガマンモスの拡散 …… 156
〈コラム〉凍土を学ぶにいたる道 …… 168

第3章

消えたマンモスの謎

マンモスの肉はウマいのか？ ―マンモスハンターの生活― …… 176
マンモスの絶滅シナリオ①「過剰狩猟説」 …… 188
マンモスの絶滅シナリオ②「気候変動説」 …… 194
マンモスの絶滅シナリオ③「ウイルス蔓延説」 …… 204
三つの絶滅シナリオの不都合 …… 210
第四のシナリオ「複合説」 …… 220
〈コラム〉マンモス研究の系譜 …… 224

CONTENTS

第4章
マンモス絶滅から見る、現代へのメッセージ

マンモスのクローン化 ―マンモスは復元できるのか？― …… 230
ゾウが危ない ―いま在るいのちを守る― …… 246
おわりに …… 252
参考文献 …… 254

第１章
マンモスはどんな生き物？

The
Woolly
Mammoth

マンモスは想像上の生き物？

マンモスと聞いて、みなさんは、どのような生き物を思い浮かべるでしょう？ ゾウに似ていて、全身が長い毛で覆われ、どっしりとした大きな体に鋭い牙。そして、とてつもなく寒い場所に棲《す》んでいると連想されるかもしれません。また、マンモスが本当に実在していたのか、それとも架空の生き物なのかが、わからない人もいるでしょう。

マンモスは、間違いなく実在していました。ところが、何かのきっかけで、突然地球上から姿を消してしまったのです。

地上で生きているマンモスの姿は、今はもう見ることはできませんが、マンモスが生きていた貴重な証拠は、数多く見つかっています。そして、永《えい》久《きゅう》凍《とう》土《ど》から見つかる凍ったマンモスの体からは、マンモスが生きていたときの情報を得ることができます。

ロシアの東部、シベリアの広大な大地にはこの永久凍土が多く存在し、一年を通して地中深くまで凍結したままです。

シベリア各地の永久凍土地域の海岸や主要な河川沿いでは、浸食《しんしょく》で凍土の崖《がけ》が崩れて融解《ゆうかい》し、凍土に埋もれていた動物の遺骸《いがい》が露出《ろしゅつ》することがあります。そうして巨大な牙や骨などが多数露出して、いったいこの動物はなんだろうと疑問に思われるようになりました。牙や大きな骨、ときには長い毛で覆われた表皮もありました。謎の巨大生物が地中に生息していると思い込んだ現地の人々は、これをサモエード語でマー（地中の）モス（動物）と名付けました。これがのちに名付けられたマンモスの語源です。

サモエード語を使う人々は、ウラル山地北部からヤマル半島、そしてエニセイ川左岸に暮らす人々で、モンゴロイド族です。ネネツ人やガナサン人は今でもトナカイ放牧をしながら暮らしています。彼らは、モグラあるいはジネズミの肥大化した動物を想像していたようです。

モスクワの古生物《こせいぶつ》博物館には、一八世紀に描かれた、牙を持つモグラあるいは地ネズミとして書かれたマンモスの絵が展示してあります（図１）。

マンモスがゾウの仲間であるとわかったのは、永久凍土から凍結した状態のマンモスの成獣《せいじゅう》が発見されたからです。マンモスがまるまる一頭永久凍土に埋まっているのがはじめて発見されたのは、一八〇四年のことでした。それは全身が毛で覆われた、ゾウの姿をした巨大動物でした。

ことの起こりは一八〇二年、シベリアのヤクーツクという地の商人ボルツノフが、レナ川の河口のブイコフスキー半島部（図2）に商売に出かけたときのことです。ボルツノフの目的は、現地に暮らすヤクート人やエベンキ人が狩猟で得た毛皮を買い取ることでした。当時のロシアでは、シベリアの動物の毛皮はたいへん貴重だったのです。クロテンのコート一着が日本円で二〇〇〇万円ほどにもなるため、当時の商人は競ってシベリア奥地に分け入り、毛皮を買いあさっていました。ボルツノフもそうした商人の一人でした。

ボルツノフが毛皮を買い付けに行ったとき、ある村人が立派なマンモスの牙を持ってきました。マンモスの牙も商人が買い求める重要な商品でした。それは竜骨《りゅうこつ》という名前で中国に送られていました。リウマチに効くといわれ、おもに漢方薬として高値で取引されていたのです。

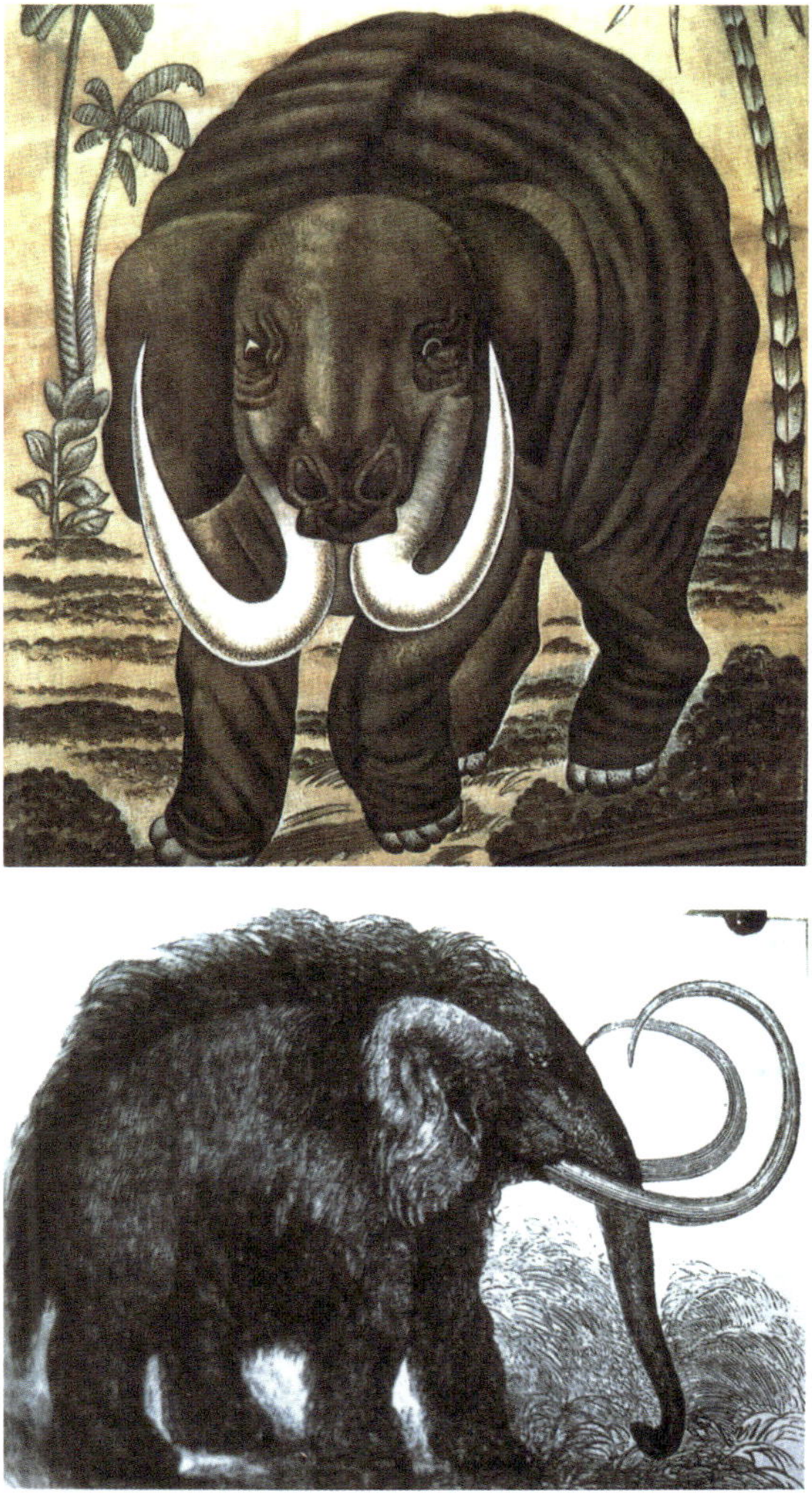

図1　｜18世紀に描かれたマンモスの想像図

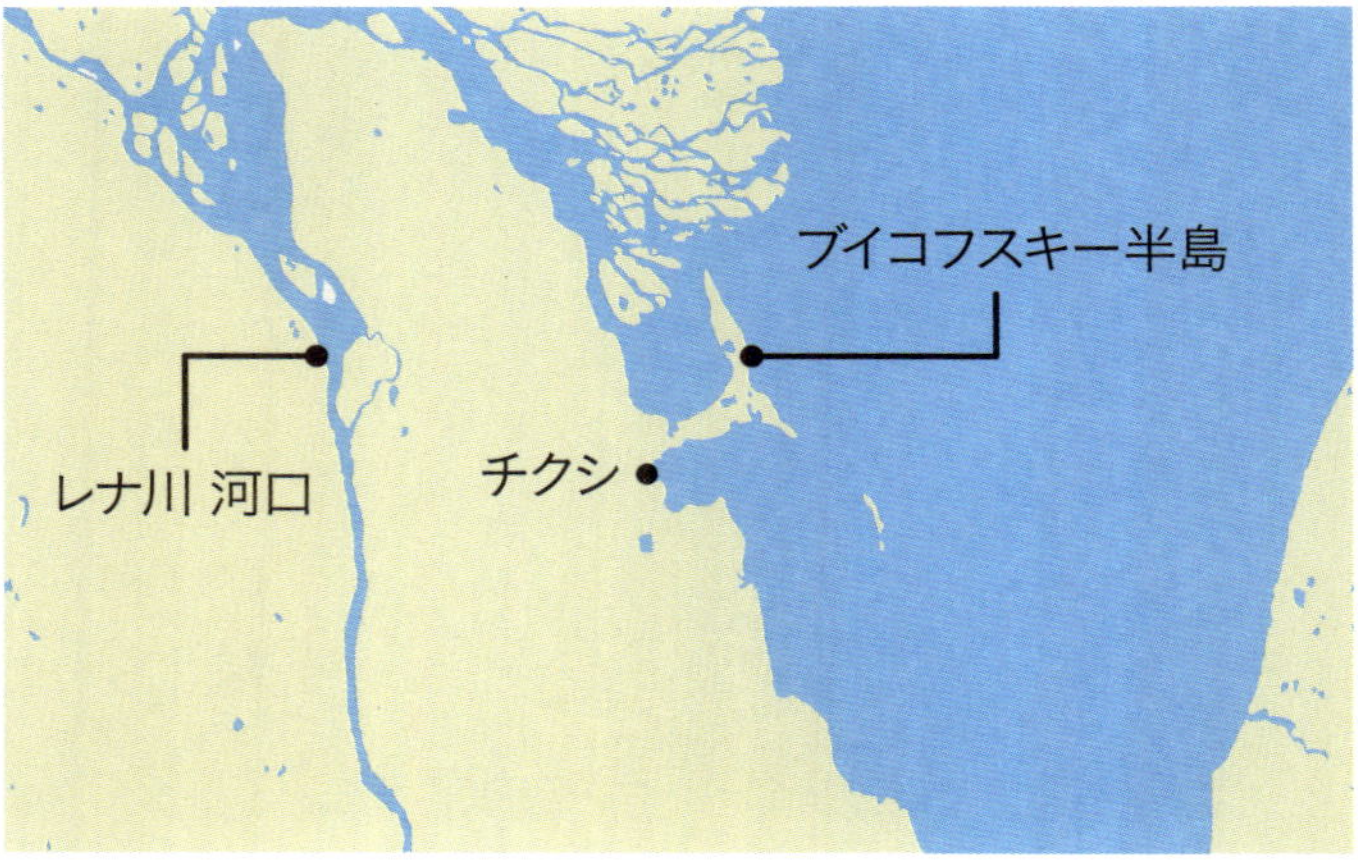

図 2　商人ボルツノフが訪れた、シベリア東部にあるブイコフスキー半島

ボルツノフはマンモスの牙を非常に気に入り、五〇ルーブル（この時代の一ルーブルは現在の五〇〇〇円程度）という大枚を支払い、手に入れました。彼がマンモスの牙をもっと購入したいと村人に話すと、まるまる一頭のマンモスが永久凍土に埋まっているというので、そこへ案内してもらうことになりました。案内された場所には、確かに一頭のマンモスが埋まっていました。ボルツノフはそのマンモスをスケッチに描き留めました。しかし商人にとって価値があるのはマンモスの牙だけでしたので、牙だけを採取し持ち帰ったのです。

ボルツノフは、ほかにも牙が埋まっていると考え、翌年ふたたび同じ場所を訪れました。すると、凍土から出ていたマンモスの体の一部が北極キツネに食い荒らされていたため、雪を被せて保護しておきました。このおかげで、凍ったマンモスは融けずに状態良く保存されたのです。凍土から発見されるマンモスの多くは動物に食い荒らされていることが多く、人間の目に留まる確率がとても低いのです。

翌年、ロシアアカデミー会員の植物学者ミハエル・アダムスがレナ川下流での植物収集のためにヤクーツクを訪れ、出会ったボルツノフに、そのスケッチ（図3）を見せられました。

スケッチを見てマンモスという生き物に興味を抱いたアダムスは、一八〇五年、ようやくそのマンモスの発見場所を訪れました。残念なことにマンモスの体の多くは北極キツネにさらに食べられていましたが、頭部や骨格は残っていました。

一八〇六年、アダムスはマンモスを回収し、苦労してサンクトペテルブルグの古生物博物館に運びました。しかしシベリア鉄道が開通する一〇〇年も前のことなので、その運搬《うんぱん》は大変な作業でした。なるべくマンモスが腐敗《ふはい》しないように、冬季にトナカイに縛りつけたソリに乗せて移動したのです。

帰途《きと》にヤクーツクに立ち寄った際、アダムスは商人ボルツノフからマンモスの牙を買い上げました。

サンクトペテルブルク博物館に今も展示されているマンモス骨格（アダムスのマンモス）には、その牙がはめ込まれています（図4）。その後の調査研究からマンモスはゾウの仲間であるとわかり、学名を*Mammuthus primigenius*（マンモスプリミゲニウス：和名ケナガマンモス）と決められました。

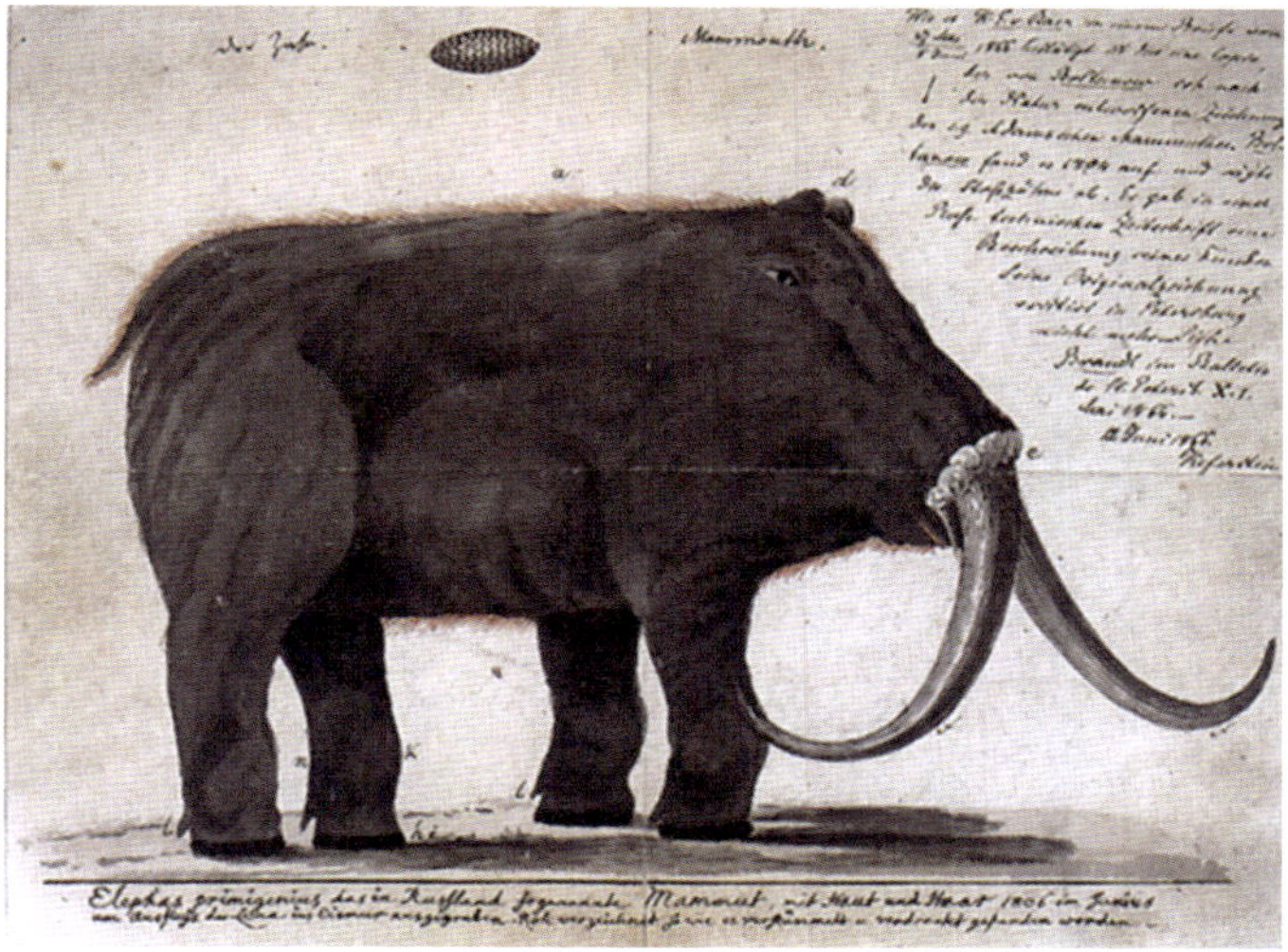

図３　商人ボルツノフがミハエル・アダムスに見せたスケッチ
（ドイツゲッチンゲン大学の文化人類学博物館収蔵）

その後また、一九〇〇年にシベリアでマンモスの遺骸が発見されました。ドイツの動物学者E・W・フィッツェンマイヤーは、シベリアのコリマ川の下流ベレゾフカ川で、オスのマンモスの成獣が凍結状態で発見されたとの報を受け、現地へ向かいました。サンクトペテルブルグから現地に到達するまでに、北極キツネに体を食べられてしまっていないか心配でしたが、現地に到着したのは一九〇三年でした。

フィッツェンマイヤーはロシア科学アカデミーの支援を受け、現場でマンモスの体を解体したのち梱包して、また冬季にトナカイに縛り付けたソリでイルクーツクまで運搬しました。この時期のロシアは日露戦争の最中で国は混乱していましたが、一九〇四年に全線開通したばかりのシベリア鉄道に載せてようやくサンクトペテルブルグに搬入《はんにゅう》できました。しかし、鉄道という交通手段を使っても、この運搬の苦労は並大抵ではなかったと著書に記されています（E・W・フィッツェンマイヤー『シベリアのマンモス サンガ・イウラッフおよびベレゾフカ川畔のマンモス発見』三保元訳　法政大学出版局、一九七一年）。

さて、解体したマンモスの胃袋の中には、オオムギ属やシバムギ、イネ科の

図４　サンクトペテルブルク博物館に展示されている骨格、アダムスのマンモス（写真：Heritage Images ／ Getty Images）

図5　サンクトペテルブルク博物館に展示されている、フィッツェンマイヤーが発見したマンモスの復元標本（写真：Sovfoto ／ Getty Images）

スズメテッポウ、カヤツリグサ科などの草本が未消化で残されていました。牙は長さ四メートルで、重量は二〇〇キログラムもあったとフィッツェンマイヤーは記録しています。彼は解《かい》剖《ぼう》学《がく》的《てき》な見地からマンモスの生態や特徴を詳しく調査し、それを詳細な報告書として残しました。マンモスは紛れもなくゾウの仲間であると、このとき学問的に検証されたのです。復元されたマンモスは現在、サンクトペテルブルグの古生物博物館に展示されています（図5）。

その後、成獣のマンモスは発見されていませんが、一〇年に一度の確率で子供のマンモス（ベビーマンモス）が発見されています。一番最近では二〇〇七年に西シベリアのヤマル半島で発見されました（図6）。このとき撮影されたマンモスの写真は、科学雑誌『ナショナルジオグラフィック』の二〇〇九年五月号の表紙を飾りました。

マンモスの調査は、継続して行われていますので、今日もシベリアのどこかで、ベビーマンモスが発見されているかもしれませんね。

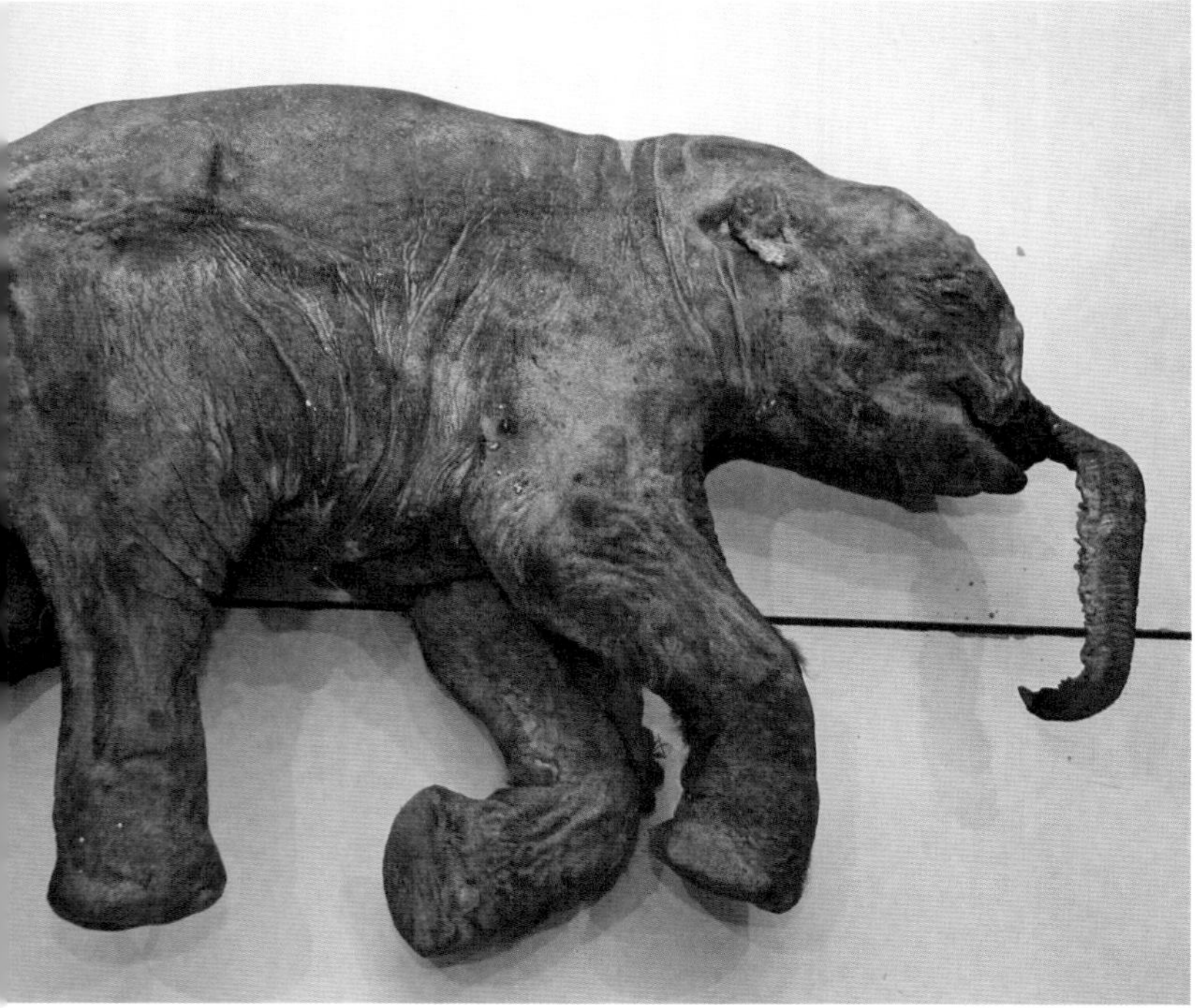

図 6　ベビーマンモスの「リューバ」。2007年にシベリア西部にあるヤマル半島で発見された（写真：TASS/アフロ）

図７　露出したマンモスの遺骸は動物に食い荒らされていることが多い。北極キツネも犯人のひとり

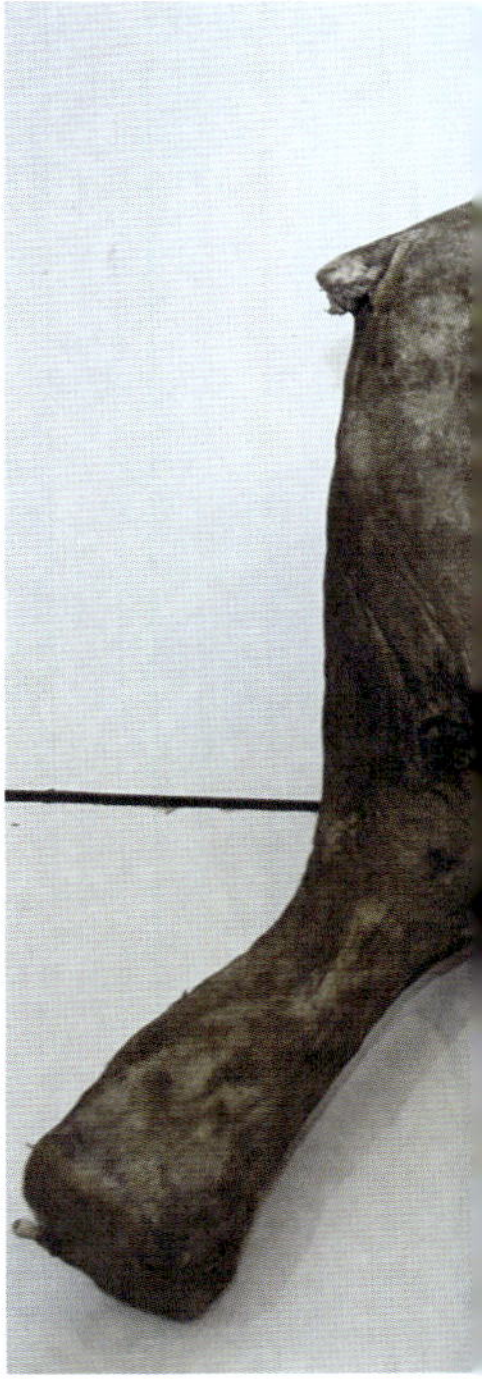

図 8

現在発掘されているマンモスの遺骸（赤印は遺骸の一部分が発見された場所）❶ アダムスのマンモス　❷ ベレゾフカのマンモス　❸ ジーマのベビーマンモス　❹ マーシャのベビーマンモス　❺リューバのベビーマンモス　❻ ゼンヤのマンモス（15 歳）

北極海
シベリア西部
エニセイ川
ノヴォシビルスク諸島
レナ川
ヤナ川
インディギルカ川
コリマ川
ヤクーツク
イルクーツク
シベリア東部
1
2
3
4
5
6

「マンモス」のさまざまな表現

ワインの産地で有名なフランス南部ボルドーから、内陸へ一五〇キロメートル進んだところにあるルフィニャック洞窟《どうくつ》は、一九七九年にユネスコの世界遺産に登録された洞窟です（図9）。この洞窟内は、トロッコに乗って見学できるようになっています。

洞窟には、古代の人々によって岩壁に描かれた二五五もの壁画があります。そのうちの一五八の絵の中には、すばらしいタッチでマンモスが描かれています。マンモスのほかにもバイソン、馬、野生ヤギなどの動物が描かれていますが、これらはすべて、ヒトの狩猟の対象であるのが興味深いところです。

ちなみにヒトは四体のみ描かれていますが、いずれもほかの動物の絵と違って、人間はマッチ棒のようなシンプルな表現になっています。

壁画が描かれた年代は、一万三〇〇〇年前と推定されていますが、どのよ

図９　フランスにあるルフィニャック洞窟とクサック洞窟の場所。クサック洞窟は現在閉鎖されている

うに年代を推定したのでしょう？ 考古学の伝統的な推定方法では、絵画や土器、石器の当時の手法を見て年代を推定します。ある手法（技法）が考案されると、それが伝搬《でんぱん》して広がります。つまり、当時の手法の「流行り」を見て年代を仮定するのです。新しい手法が広がるには、おおよそ一世代くらいの時間、つまり約五〇年を要すると考えられます。こうして、描かれた絵画や土器製作の推定年代を決めているのです。

では、彼らはなぜ、こんなにマンモスを岩壁に描いたのでしょうか。

狩猟民は、土地や環境にもよりますが、ふだんは小さなネズミやウサギなど捕らえやすい小型の動物を狙います。しかし、マンモスをはじめとする大物の動物を捕らえられることを願ってもいます。

そこで、狩猟したいという願望から洞窟壁画に描かれたという説がありますが、マンモスが数多く描かれた理由はいまだにわかりません。ルフィニャック洞窟近くのクサック洞窟にも、マンモスは描かれています。年代は二万五千年前と推定されていますが、この洞窟はすでに閉鎖されています。

こうした壁画の描かれた洞窟は、世界各地に存在していますが、ヨーロッパだと南フランスからスペインに集中しているようです（図10）。これらの地域は、石灰岩《せっかいがん》地域で鍾乳洞《しょうにゅうどう》が形成されやすい地域です。そのため、岩壁に絵が描かれた洞窟が多く見られるのです。壁画にはマンモスが多く描かれ、それがこの地域にマンモスが生息していた証拠にもなっています。

いくつかの洞窟は見学者に開放されていたのですが、人の呼吸に含まれる二酸化炭素が、描かれた壁画の顔料《がんりょう》を変色させてしまうことがわかりました。また、人が持ち込むカビや地衣類《ちいるい》が付着するなどの悪影響が現れ、多くの洞窟はその後閉鎖されてしまいました。

しかしこれらの壁画を描いた古代の人々は、真っ暗闇の洞窟の中、炎で岩壁を照らし、その明かりを頼りに懸命に描いたのです。それを現代の人々が明るいライトを照らし、無防備で見学することに私は抵抗を感じます。

人知れず埋もれていた洞窟が偶然に発見され、古代の人々の暮らしに触れる機会を得たのは確かです。しかし、文化財は今の人々のためだけにあるものではありません。将来の私たちの子孫にもこの遺産を損なうことなく伝える義務があります。悲しいことに、こうした遺跡を守ることと、人々に公開

図 10　なぜマンモスを壁画に描いたかはわかっていない。これはロシアのカポヴァ洞窟（写真：Evgenii Mironov ／ Shutterstock.com）

することは矛盾するのです。

本来の姿を残すには入り口を埋め戻し、発見される前の洞窟環境を保持するのが最適です。フランス西南部にあるラスコー洞窟は、クロマニヨン人によって描かれた絵を未来へ伝えるために閉鎖し、保存をする道を選びました。ルフィニャック洞窟は、現在も公開を続けています。なかなか選択が難しいのですが、これは万国共通の課題でもあります。幸い、ラスコー洞窟の壁画は高解像度のデジタル映像として記録され、日本を含む世界各地で写真や映像、展覧会などで公開されています。

現代の「マンモス」

絶滅して地球上から姿を消したマンモスですが、現代になるとマンモスはイラストやアニメーション、身近な看板、そして言葉の中にも登場します。たとえば、巨大なオイルタンカーを「マンモスタンカー」と呼んだり、生徒数が多い学校をマンモス校と言ったりします。どうやら現代の人々は〝巨大なもの〟にたいして「マンモス」という言葉を使うようです。「マンモス」は、それだけインパクトのある言葉なのかもしれません。

左ページの中写真は、アラスカの金鉱山で使われている「マンモスダンプカー」です。積載重量《せきさいじゅうりょう》は普通の大型タンカーの十倍以上で四〇〇トンもあります。興味深いのは、運転席が日本と同じように右側にあることです。アラスカでは公道は右側通行なので自動車の運転席は普通は左側です。なぜ逆になっているのでしょうか？　それは進行方向右側の道路の側帯《そくたい》（道路の端）を確認しやすくするためです。車体がたいへん重いので、側帯に寄りすぎると路肩が崩れる可能性があるというのも理由のひとつです。ちなみにこのダンプカーの値段は当時約五億円と、これもマンモス級です。また、燃料は軽油です

図 11　写真上から、マンモスタンカー、 マンモスダンプカー、マンモス輸送機
（タンカー：nattapon supanawan/Shutterstock.com）

が、その燃費は一リットルあたり〇・七キロメートルです。巨額の富を生み出す金鉱山でしか使い道はなさそうです。

同じように原油を運ぶマンモスタンカーや総重量六〇〇トンの輸送機アントノフ225も、マンモス輸送機と呼ばれており、陸・海・空でマンモスが活躍しています（図11）。

ちなみに、北海道由仁町《ゆにちょう》では、マンモスの名を冠したスイカとメロンが名産品となっています。マンモスのように巨大であるとアピールしているのではなく、ここでマンモスの臼歯《きゅうし》が発見されたことにちなんで命名されました。

一方、アメリカでは、マンモスは大きい動物でありながら、可愛らしいというイメージのもののようです。古くは一九六〇年代にアメリカで放送されていた人気アニメ「原始家族フリントストーン」では、興味深いことにマンモスがペットとして扱われていました。また日本では漫画家の園山俊二氏が雑誌に連載した「はじめ人間ギャートルズ」がアニメ化され、マンモスが闊歩《かっぽ》するシーンやマンモスの巨大な肉を食べるシーンが子供たちに大きな印象を与えました。人間に狩られて食べられるという設定でありながらも、コミカルに

図 12 ｜ シベリアのヤクーツクにある雑貨店「マンモス」にて（著者）

描写され、放送が終了した現在でも根強いファンが数多くいます。

私が滞在したサハ共和国の首都ヤクーツクには「マンモス」という雑貨店がありました。実際は小さな店舗でしたが客の出入りが多く、けっこう流行っていた記憶があります。（図12）。

また、アラスカのフェアバンクスという街から、北極海に面したプルドーベイの町まで真北に走るダルトンハイウェイは、約八〇〇キロメートルの距離がありますが、途中に集落はありません。ほぼ中間点にガソリンスタンドが一軒あるだけでとても寂しい街道です。この道沿いに、マンモスクリークと名付けられた小川を発見しました（図13）。とてもマンモスらしくない、本当に小さな小川ですが、なぜマンモスと名付けられたのかは謎に包まれています。アラスカの原野なので、命名の理由はかなりいい加減であったようです。

このように、マンモスの名前はいろいろな品物や商標に使われています。名前だけではなく、由来について探ってみるのもおもしろいかもしれません。

図13　アラスカの原野にある「マンモスクリーク」という名の小さな川。由来は謎のまま

図 14

写真左：2005 年に開催された愛知万博の記念切手　写真右：世界各国のゾウやマンモスが描かれた記念切手。左ページのイラストは、子供たちに描いてもらったマンモスの絵。大きな牙とマンモス体毛の茶色のイメージを持っている。なんとも興味深い表現である

EXPO
JAPAN
飛び出す！飾れる！
マンモス切手セット
郵便局
POST OFFICE

マンモスの歩いた道

これまでの研究や分析から、マンモスはゾウからの進化形態だということがわかっています。現在、地球上に生息するアフリカゾウやアジアゾウに近いとされるマンモスは、一体どのような進化の道をたどってきたのでしょうか。

ゾウやマンモスの祖先は、三五〇〇万年前のアフリカ北部の地層から化石が発掘されています。それは、最初は小さなネズミほどの大きさだったといわれています。地質《ちしつ》年代《ねんだい》で見ると、新生代《しんせいだい》の古《こ》第三《だいさん》紀《き》に登場しており、地球の気候が温暖で安定していたころです。地質年代を、簡単な図に表してみました（図15）。

生命の進化は、初めはゆっくりと進んでいきます。なぜ生命は海から始まったのでしょうか。それは、まだ地球の中層大気（高度十五キロメートル）にオゾン層が形成されていなかったからです。太陽から降り注ぐ紫《し》外《がい》線《せん》は生物の

図 15 ｜ 古生代からの新生代までの地質年代表

遺伝情報を伝えるＤＮＡを破壊してしまいます。しかし、海中では紫外線は吸収されるので、生命維持が可能でした。海洋中の生物活動で発生した酸素が大気に放出され、やがてそれがオゾン層を形成すると、ようやく生き物は陸上に上がってきます。初めは植物が地球上を覆い、やがて植物が光合成で生産する糖分をエサとする小さな昆虫などが繁殖《はんしょく》します。そして、それをエサとする動物も現れてきます。そのサイクルは古生代のデボン紀・石炭紀《せきたんき》までです。

ペルム紀には地球は一旦寒冷化し、中生代に入ると温暖になり、シダ科の植物が地表を覆います。柔らかい植物なので、それをエサとする動物が急増しました。とくに爬虫類《はちゅうるい》の進化は著しく、恐竜の繁栄《はんえい》する時代になります。その進化のピークは白亜紀《はくあき》（約一億四千五〇〇〇万年前）です。

草食の恐竜からそれを狙う肉食の恐竜まで、数も種類も増加しました。まだ気候は温暖でエサとなる植物も豊富でした。恐竜の仲間は空を飛ぶものまで出現しました。一方、ほ乳動物は、草陰に隠れてひっそりと暮らしていました。約二億年前から六五〇〇万年前、中生代ジュラ紀から白亜紀までは、この地球上には恐竜が繁栄していたのです。ところが、白亜紀の終わりに恐竜は突然絶滅してしまいます。なにか突発的な地球気候の変動があったと考えられていますが、よく知られているように、メキシコのユカタン半島に推定直径十キロメートルの小惑星《しょうわくせい》が衝突《しょうとつ》したのが原因と考えられています。小惑星の衝突により、大火災が発生し、舞い上がった煙や塵《ちり》は地球大気を覆い尽くしました。このため太陽の光は遮られ、地上の温度は低下し、急激な気候変動に見舞われました。その結果、地球上の約八十パーセントにもおよぶ生物が消滅しました。恐竜は、周りの温度に左右されず自分の体温を一定に保つことができる恒温動物《こうおんどうぶつ》と、外部の温度により体温が変化する変温動物《へんおんどうぶつ》との中間的な動物と考えられていますが、このとき絶滅してしまいます。

恒温動物のほ乳類は、こうした気候の激変でも生き残ることができたのです。

アフリカで進化を遂げたゾウの祖先は、次第に環境に適応しながら体も大きくなっていきます（図16）。エジプトの南部山岳地域で化石が発掘されたゾウの祖先は、モエリテリウムという、後のゾウの仲間とは似ても似つかない小型のブタのような形態と大きさでした。生息の年代は三四〇〇万年前～

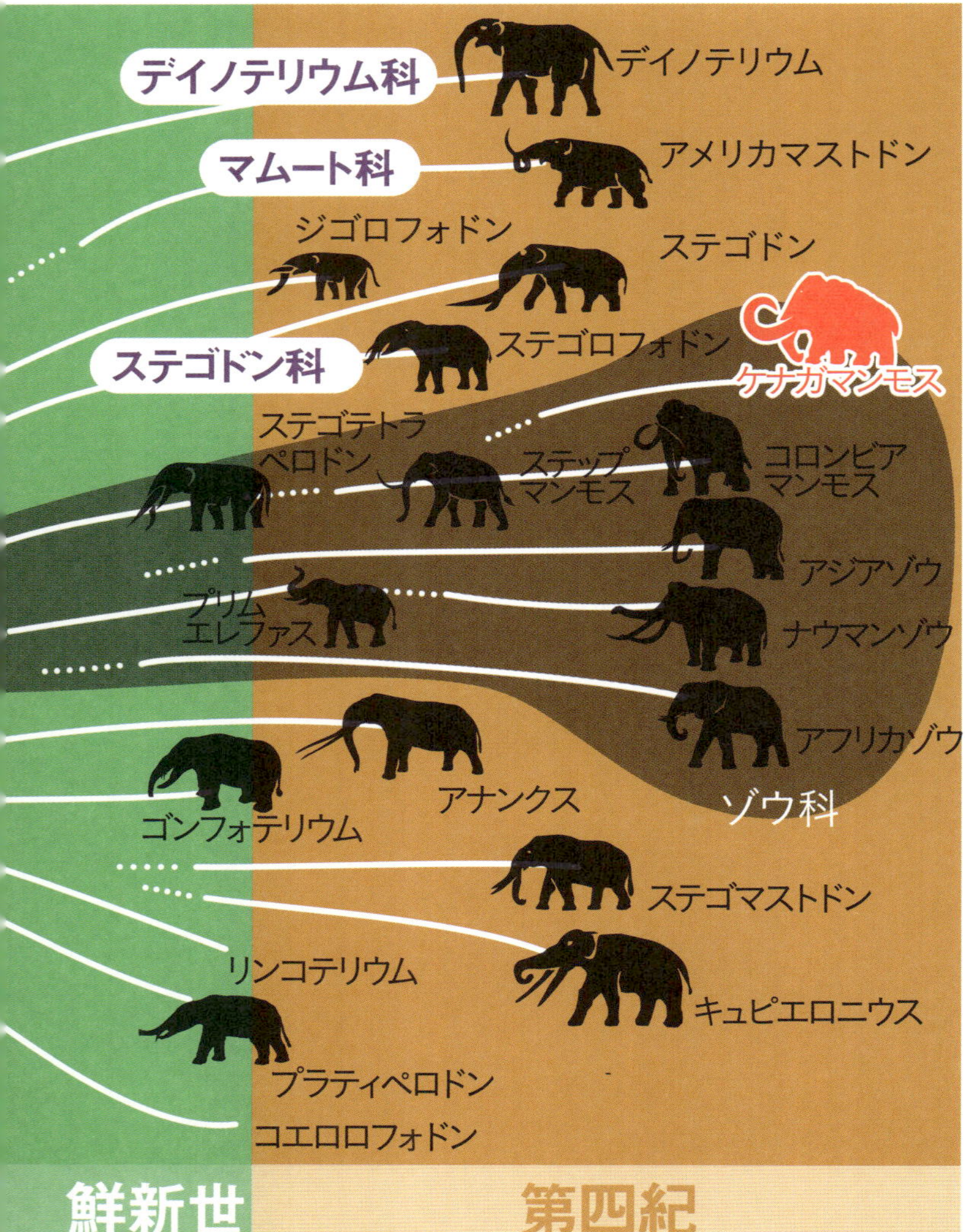

図 16 ｜ ゾウ類の大まかな系統図。マンモスが登場したのは第四紀とされている

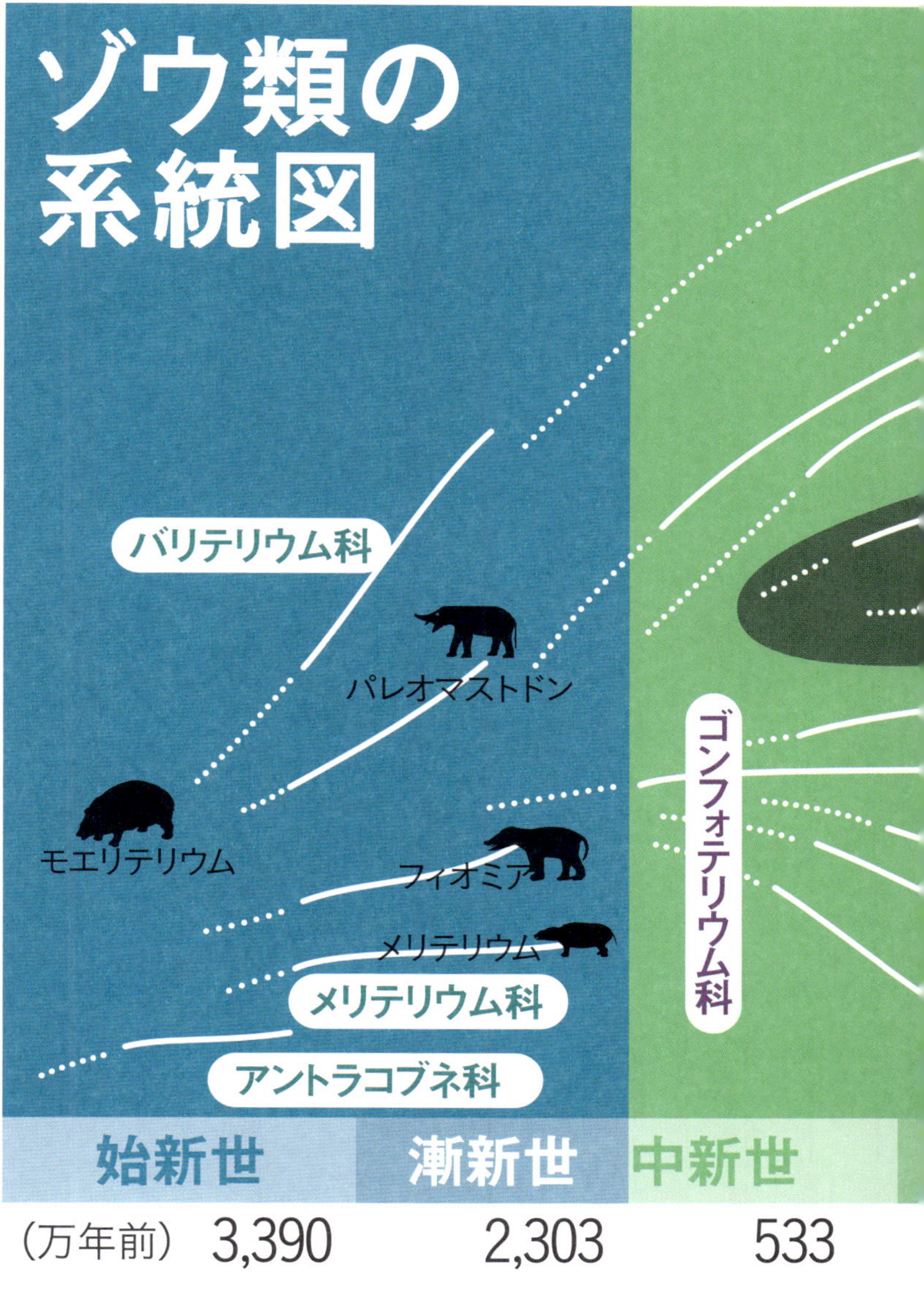

ゾウ類の
系統図
バリテリウム科
パレオマストドン
モエリテリウム
フィオミア
メリテリウム
メリテリウム科
アントラコブネ科
ゴンフォテリウム科
始新世
漸新世
中新世
（万年前）
3,390
2,303
533

三七〇〇万年前と推定されています。

モエリテリウムは、水辺や森林で暮らしていました。やがてアフリカの気候は乾燥化が始まり、森林から草原への植生《しょくせい》変化が起こりました。モエリテリウムは進化して草原に進出し、生活する過程で体がどんどん大きくなり始めます。体が大きくなると肩高《けんこう》も高くなり、頭の位置もより高くなります。

系統図を見ると進化には二系統あり、フィオミアとパレオマストドンに分かれています。いずれも体長は約二メートルで、肩高は一メートルの小型ほ乳動物でした。この進化の段階では、いずれも鼻はまだあまり長くありませんでした。

進化が進み、系統がさらに分かれ、今のゾウに近い形態になったのがデイノテリウムです(図17)。二〇〇〇万年前～一〇〇〇万年前まで、アフリカやヨーロッパ、そしてインドに生息していました。体長、肩高ともに約三メートルで顎《あご》から下方向に牙が伸びていました。

牙は初めは下方に伸びていたのですが、地中の塩分を含む土を掘り起こすために、次第に長くなり始めます。

図 17 ｜ デイノテリウムの骨格標本（撮影協力：国立科学博物館）

図 18 ｜ ステゴドンの骨格標本

デイノテリウムと同時代か少し後に生息していたのが、ステゴドンです（図18）。インドや中国、そして日本ではステゴドンのグループとして、アケボノゾウ、ミエゾウなどが生息し、その化石が各地から発掘されています。肩高は最大三メートルで、それと同じぐらいの長さの牙がまっすぐ平行に伸びています。湿潤《しつじゅん》な森林に生息していましたが、第四紀《だいよんき》（一〇〇万年前）に起きた気候の寒冷化に適応できずに絶滅してしまいました。

アメリカマストドンは、北アメリカ大陸のアラスカからメキシコまで分布していました（図19）。生息の時期は十二万年前～一万年前で、ケナガマンモスが生息していた年代とほぼ同時期でした。体長四・五メートル、肩高四メートルで、大きさとしてはケナガマンモスより少し小型でした。長さ二・七メートルの牙はケナガマンモスとは異なり湾曲《わんきょく》していません。歯の形状も、マンモスの歯は平坦《へいたん》で臼状《きょうじょう》ですが、アメリカマストドンは凹凸の歯になっていたので、固い木の葉も食べることができました（図20）。生息環境は寒冷地の草原ツンドラと針葉樹《しんようじゅ》タイガの入り交じった、数多くの生物が生息するエコトーン（遷《せん》移帯《いたい》）でした。

図 19｜アメリカマストドンの骨格標本（撮影協力：国立科学博物館）

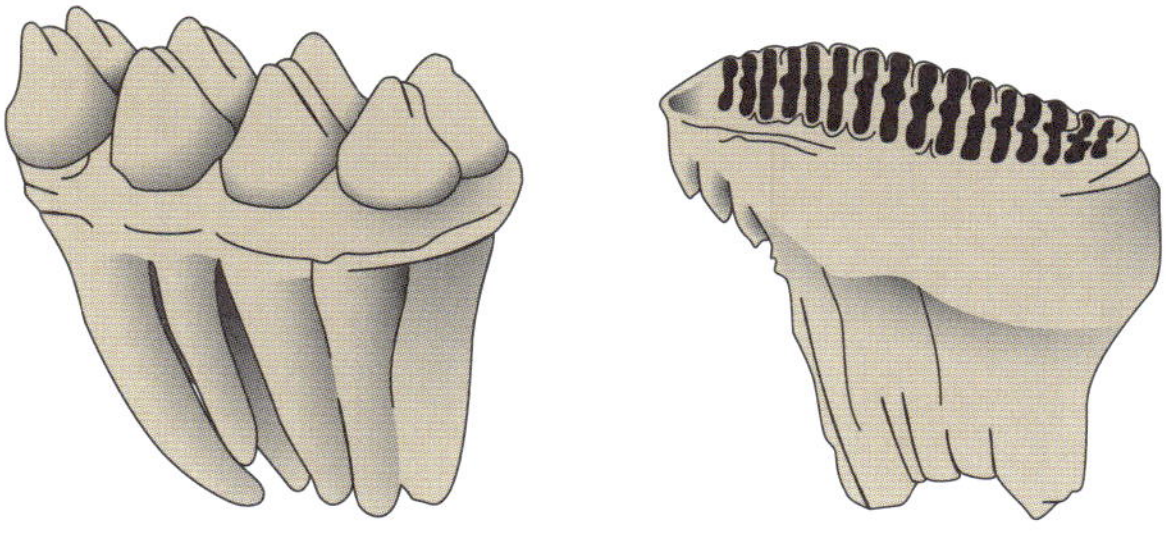

図 20｜左：アメリカマストドンの歯、右：ケナガマンモスの歯

日本では、数あるゾウの化石の中でも、ナウマンゾウの化石がたくさん発見されています（図21）。ナウマンゾウは、日本列島各地で十二万年前の地層から発掘されます。明治の初期に東京帝国大学に招聘《しょうへい》されていたドイツの地質学者E・ナウマンが一八八二年に学会誌に記載したことから、ナウマンゾウと命名されました。体長四・五メートル、肩高二・七メートルで、非常に長い牙を持っていました。ナウマンゾウは約三〇万年前に中国から渡来しました。日本各地で広く分布したのは約十二万年前ということから、この時期は亜間氷期《あかんぴょうき》の中でも、比較的温暖な時期でした。エサとして多くの草を必要とするゾウの仲間にとって、地形が複雑で平坦な草原の少ない日本列島は、少し不利な環境だったでしょう。

北海道の忠類村《ちゅうるいむら》では、十二万年前の地層からナウマンゾウの全身化石が発掘されました。支笏火山《しこつかざん》起源の火山灰層からはマンモスの臼歯が発見され、年代は四万六千年前と推定されます。ナウマンゾウは最終氷期《さいしゅうひょうき》（二万年前）に気候変化に適応できずに絶滅しました。北海道では、ナウマンゾウとマンモスの化石両方が多数発見されています（図22）。彼らは共存していたのではな

図21｜ナウマンゾウの骨格標本（撮影協力：北海道博物館）

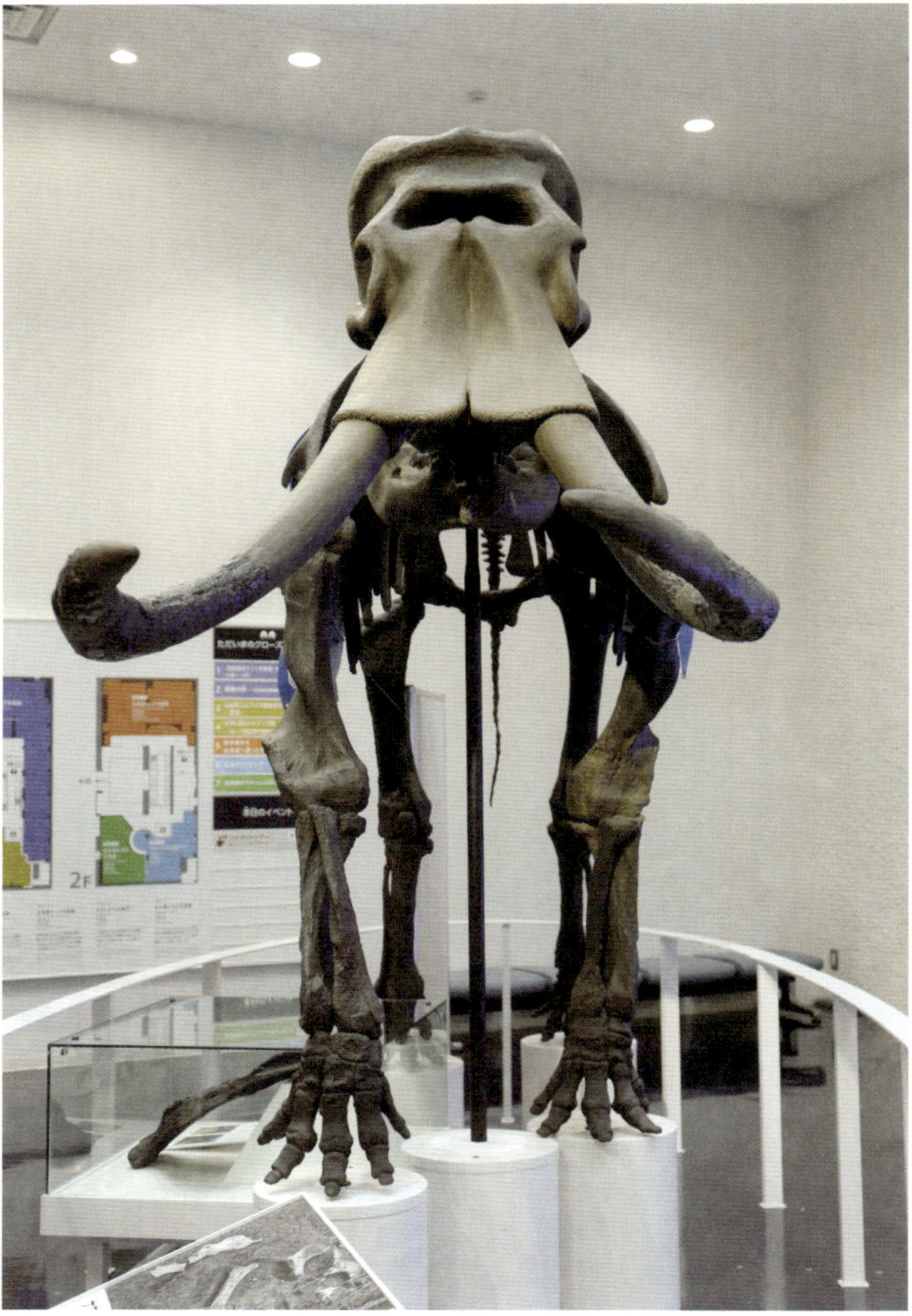

写真右：ナウマンゾウと写真左：ケナガマンモスの骨格標本。似ているようで似ていないことが比較するとよくわかる（撮影協力：北海道博物館）

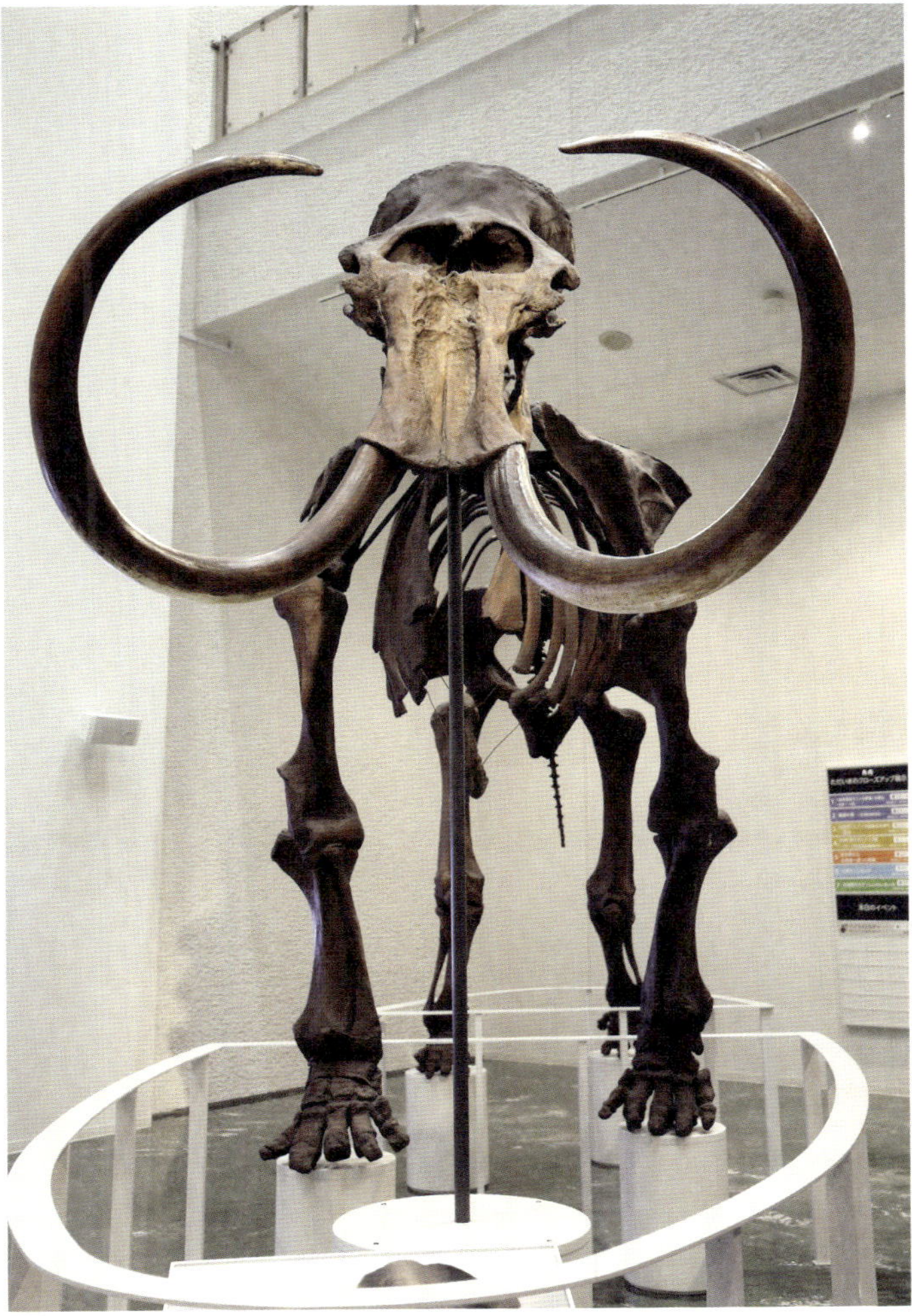

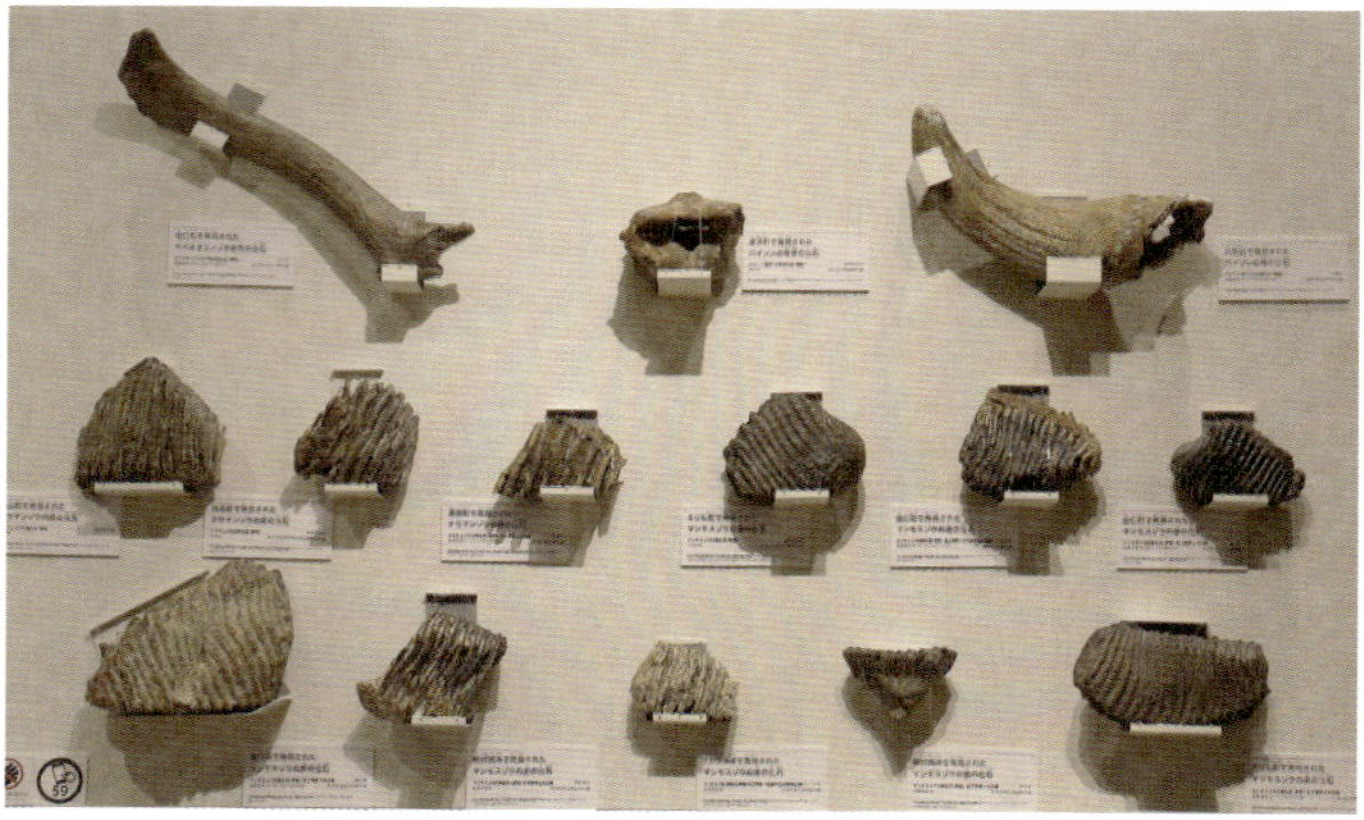

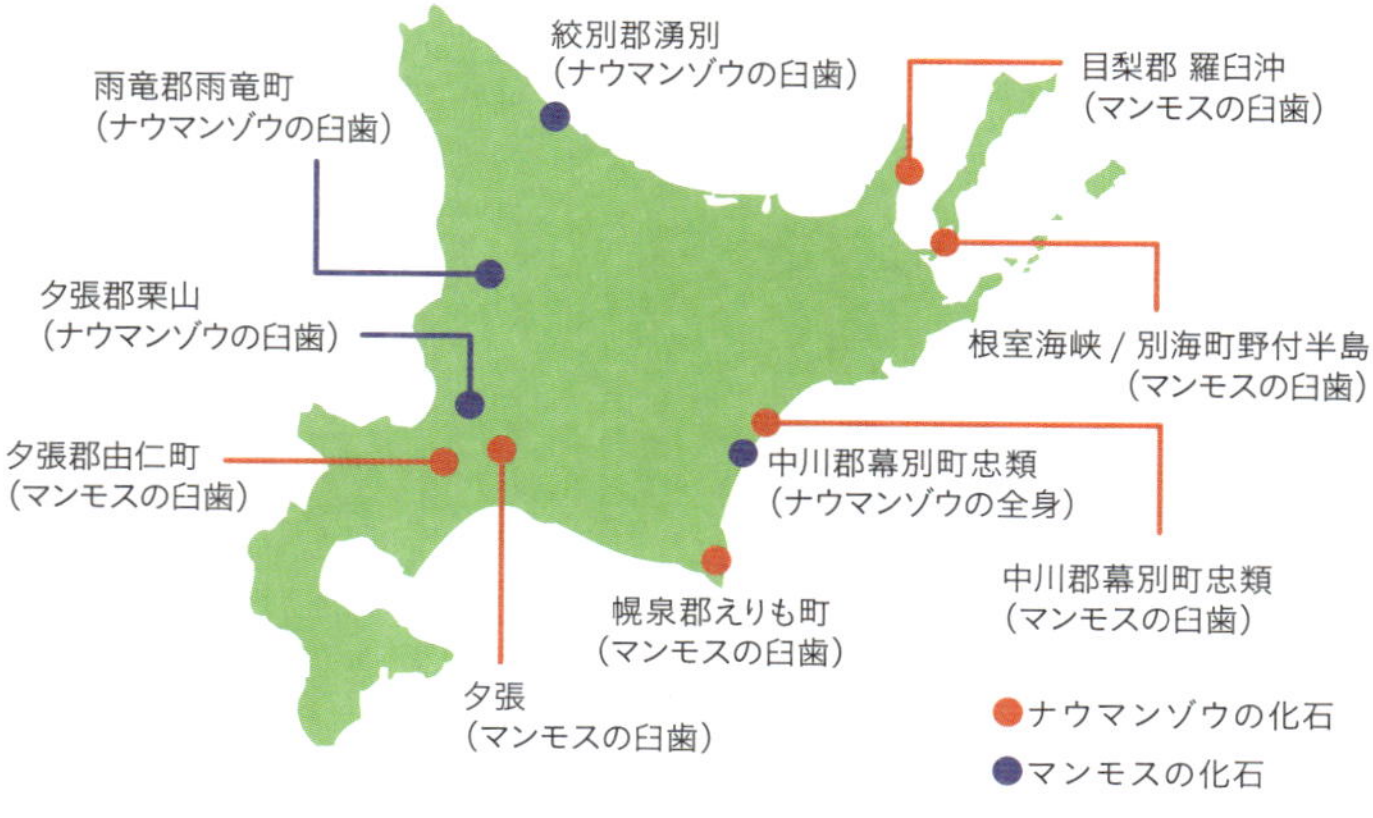

図22　写真上：北海道で見つかっているマンモスとナウマンゾウの化石　（撮影協力：北海道博物館）下：出土した場所。しかし、彼らの生きていた時代は異なるため、共存はしていなかったと私は考えている

図 23　北海道はマンモスとナウマンゾウが生息していた地域。北海道博物館の広いフロアには、マンモスとナウマンゾウが向かい合わせで展示されていて圧巻だ（撮影協力：北海道博物館）

いかという説もありますが、ちょうどナウマンゾウが絶滅した二万年前頃にマンモスが大陸から移住して、ナウマンゾウと入れ替わっているようですので、私は共存していたとは考えていません。

本州ではマンモスの化石は発見されていません。最終氷期で海面が一〇〇メートル低下したことで、シベリアとサハリン、そして北海道は陸続きになり、マンモスはそこから北海道へ移ってきたようです。しかし、津軽海峡は水深一六〇メートルあるため、北海道と本州は繋がらず、マンモスは本州へは南下できなかったと考えられています。

三〇〇万年前になると、ゾウ科の系列（マンモスの祖先もこれに含まれます）はアフリカからヨーロッパ、そしてユーラシア大陸へと進出します。マンモスの仲間の代表を、60ページの地図に示します（図24）。

アフリカから離れ、ヨーロッパに六〇万年前から三十七万年前に広く分布したのがステップマンモスです。時期が第四紀《だいよんき》の間氷期《かんぴょうき》であったため、温暖であり寒さへの適応を必要としないため、毛で覆われていませんでした。体はケナガマンモスより大きかったと推定されています。寒冷地に適応していないので温暖マンモスとも呼ばれています。

一九八〇年に、中国北部、内モンゴル自治区のザライノールの鉱山では、松花《しょうか》江《こう》マンモスという巨大マンモスの全身の化石が発見されました。肩高は五メートルで推定体重は二〇トン、これはアフリカゾウの三倍もあります。牙の長さを含めた体長は九メートルもありました。しかし最終氷期(二万年前)の寒冷化した環境に適応できずに絶滅してしまいました。

ステップマンモスの仲間が一八〇万年前にシベリアを経由し北アメリカ大陸に進出したのが温暖マンモスのインペリアルマンモスです。ロサンゼルスのタールの沼で化石が発見されました。またネブラスカ州でも発見されています。

このインペリアルマンモスと同種と考えられているのがコロンビアマンモスです(図25)。大きさは肩高三・七メートル前後で、牙が三・五メートルもありました。体が大きく牙が長いという特徴で、ステップマンモスとの共通性が見られます。

こうしてヨーロッパのステップマンモスは次第に北の寒冷環境に適応しながら北上し、約四〇万年前にケナガマンモスがシベリアに現れました(図26)。

10万年前
180万年前
ケナガマンモス
アメリカマストドン
ステップマンモス
インペリアルマンモス
コロンビアマンモス

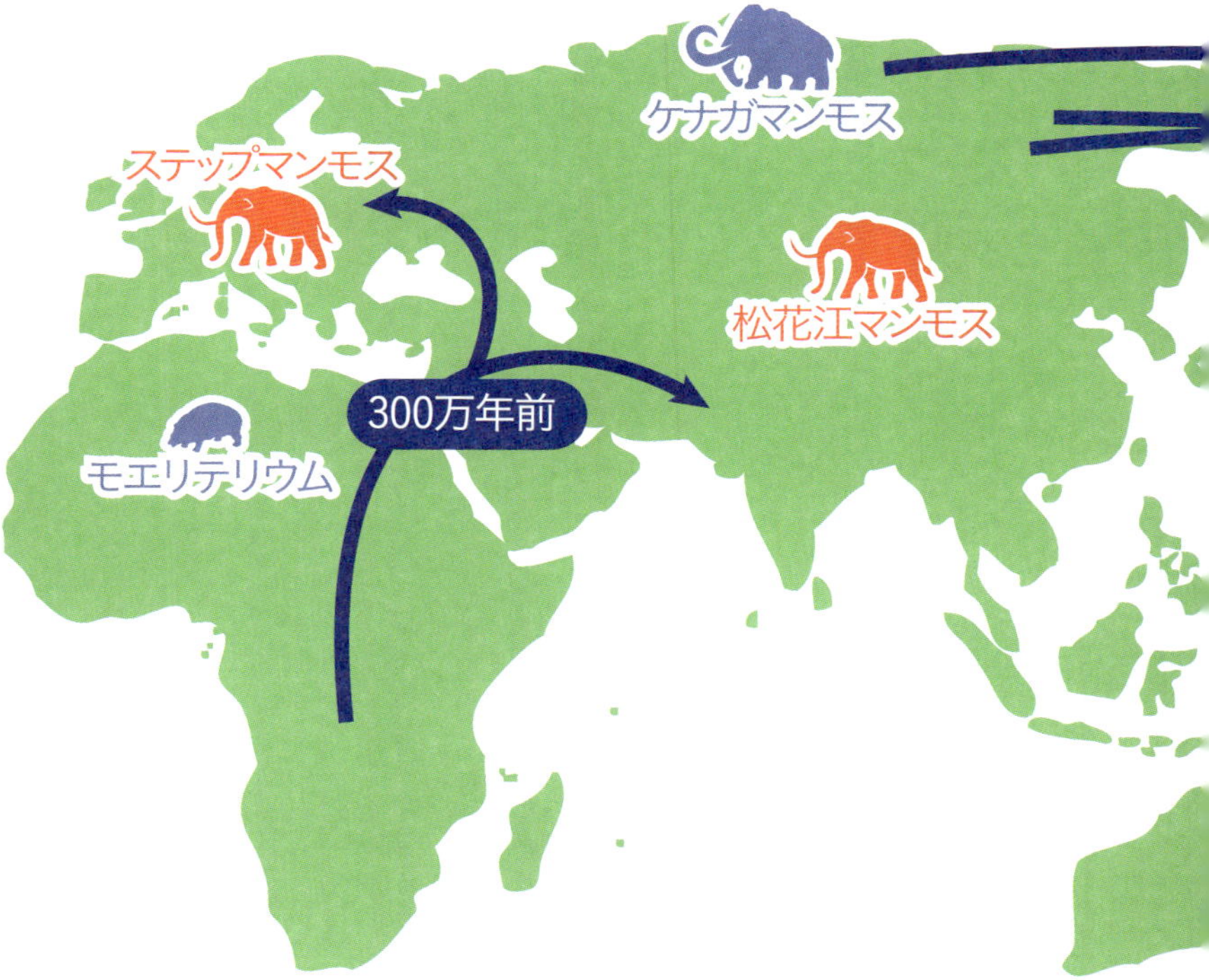

図24　マンモスへの進化と移動の道筋。アフリカからユーラシア大陸を経てアメリカ大陸へと歩いていったと考えられる

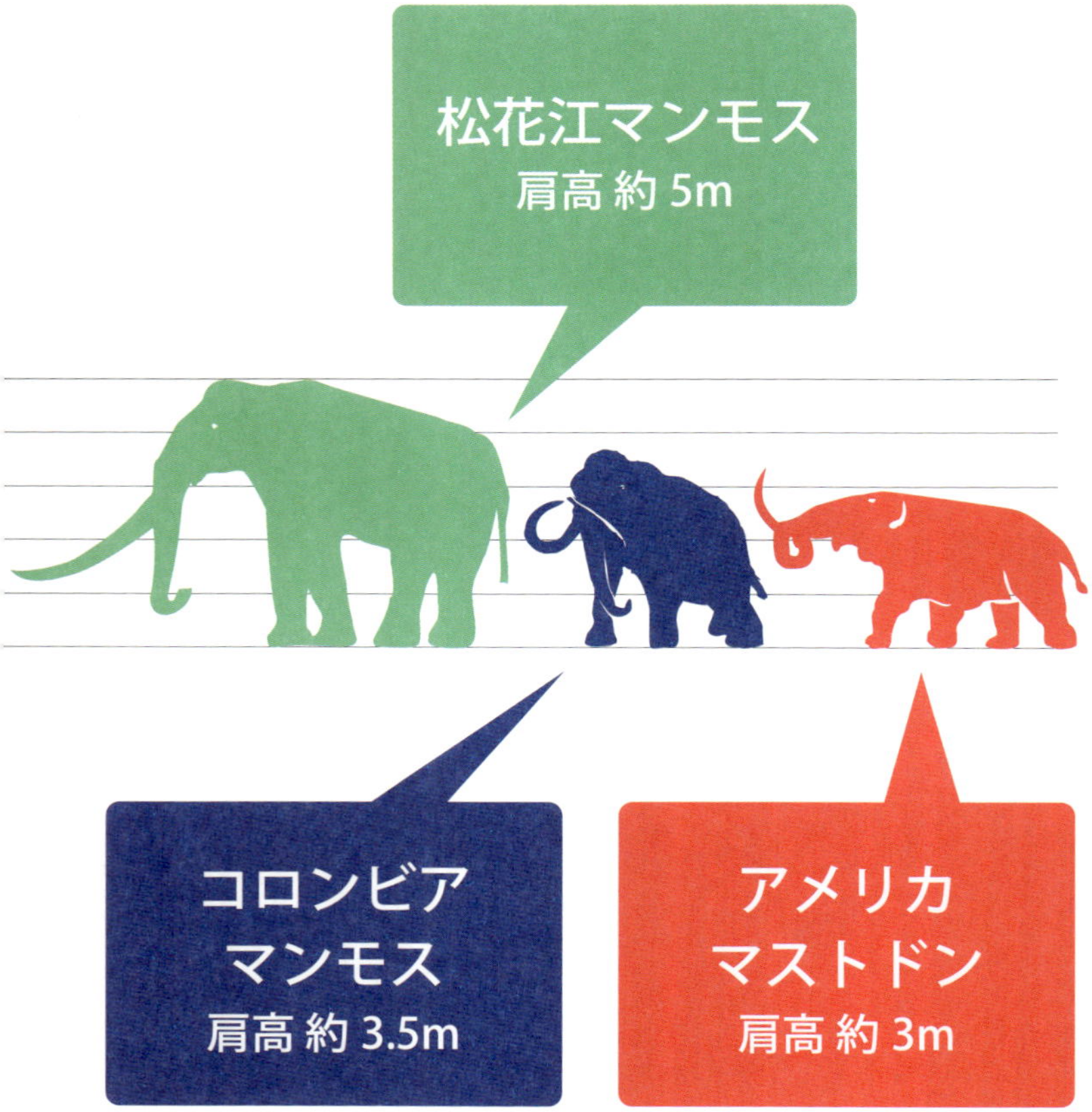
松花江マンモス
肩高 約 5m
コロンビア
マンモス
肩高 約 3.5m
アメリカ
マストドン
肩高 約 3m

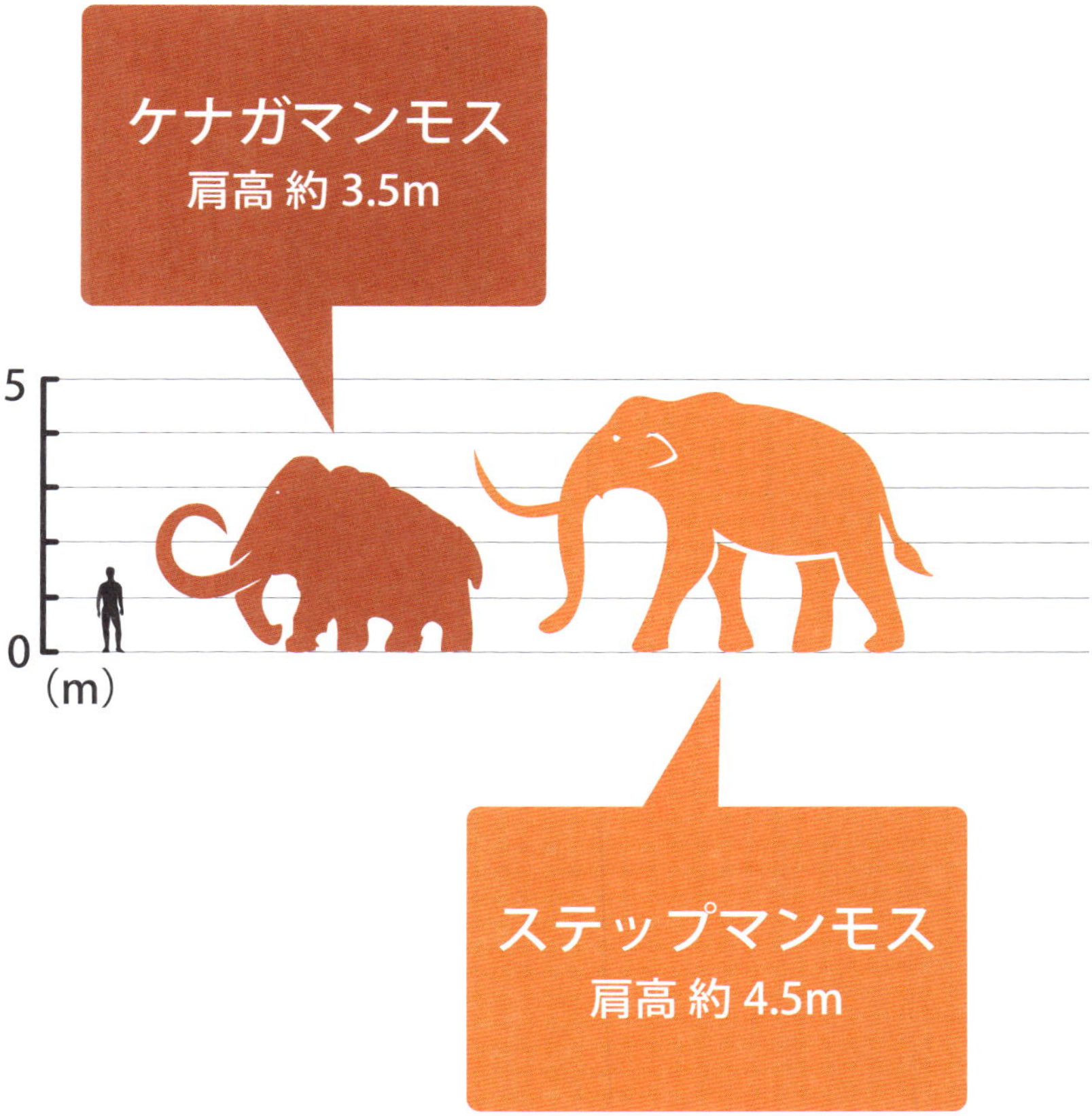

マンモスの仲間たちの体の大まかな比較図

コロンブスマンモス

そこは氷床が覆うことなく、タイガとツンドラが広がっています。氷期にはタイガは分布が南にシフトするので、現在のシベリアのツンドラ地域よりもはるかに広い冷涼な草原となりました。ここがケナガマンモスの棲みかとなったのです。この冷涼な草原をマンモスステップと呼びます。エサとなる草も豊富で、マンモスは全身を長い毛で覆うという環境適応を獲得しました。

ケナガマンモスは一〇万年前にはシベリアからアラスカに渡り、北米にも仲間を増やしていきました。同時期に生息していたアメリカマストドンとは食べるエサの違いでうまく棲み分けていたということになります。すでに説明したように、アメリカマストドンには草と木の葉を噛《か》み砕く歯がありました。そこで、森林と草原ツンドラの境界地域を主な縄張りにしていました。

また、氷期にはケナガマンモスは中国東北部や北海道まで南下していました。そして間氷期になると北上するという、気候変動に適応するように南北の移動を繰り返していました。ケナガマンモスにとって当時のシベリアという地は、ほとんど天敵もなく、天国のような場所だったのです。

図 25 ｜ コロンビアマンモスの骨格標本（撮影協力：国立科学博物館）

図 26 ｜ ケナガマンモスの骨格標本（撮影協力：北海道博物館）

ケナガマンモスのふるさと

四〇万年前にステップマンモスはシベリア東部に進出し、寒冷環境への適応をしてケナガマンモスに進化しました。最終氷期(二万年前)には地球はもっとも寒冷化して、北半球は氷床に覆われていました。しかし、ケナガマンモスの進出したシベリア東部は氷床が覆いませんでした(図27)。

北アメリカはローレンタイド氷床に覆われています。アラスカの南西部海岸沿いもコルディエラ氷床に覆われていますが、アラスカの中央部は覆われていませんでした。ユーラシア大陸ではイギリスの大部分がスカンジナビア氷床に覆われています。ドイツから東ヨーロッパを越えて、ロシアはウラル山脈の東側まで氷床に覆われています。氷床の東縁はオビ川が南北に流れるあたりになります。シベリア東部は全く氷床に覆われていないので、もしこの時代に観測衛星があって、北極周辺を撮影したら、東シベリア以外は真っ白に見えたでしょう。つまりシベリア東部地域だけが氷床のない窓のような地域でした。ではなぜシベリア東部は氷床に覆われなかったのでしょうか。

その理由は、降雪をもたらす水蒸気の供給源から遠く離れていたからです。

図 27　最終氷期の氷床図。北アメリカは氷に覆われたが、シベリア東部は氷床が覆わなかった

北アメリカの氷床を形成した降雪は、偏西風《へんせいふう》で太平洋からやってきた水蒸気でもたらされました。ヨーロッパの氷床は大西洋から供給された水蒸気による降雪で発達しました。シベリア東部への水蒸気の供給源は北極海ですが、この時期は永久結氷《えいきゅうけっしょう》で水蒸気が供給できませんでした。そのため、シベリア東部だけが氷床に覆われていない窓の開いたような状況だったのです。極北地域は乾燥し砂漠のような無植生《むしょくせい》でしたが、南側はステップが広がり、さらに南はタイガで覆われていました。そこがケナガマンモスのふるさとなのです。

一〇万年前の亜間氷期にケナガマンモスはシベリアからアラスカに渡ってきました。この時期はまだアラスカの南部はまだ氷床で閉ざされていません。そこでケナガマンモスは南進し、カナダのユーコン地域まで到達しました。

二〇一〇年、ユーコン準州《じゅんしゅう》の金鉱で栄えたドーソンの町から六〇キロメートル南のユーコン川上流の金鉱山で、マンモスの骨が数十頭分発見されました。ユーコン川上流域では、金鉱山があるために、多くのマンモスの化石が発見されます。この地域には永久凍土はないので、凍結状態でマンモスが発見されることはありません。ユーコン準州の州都ホワイトホースにあるユーコンベリンジア博物館には、ケナガマンモスの全身骨格や様々な化石が展示されています（図28）。私も何回か博物館を訪問したことがあり、そこでの情報から、ユーコン川上流はケナガマンモスの生息数が多かったのだろうという印象を持ちました。

　氷期〜間氷期の間は、ケナガマンモスはシベリア東部を南北に移動していました。氷期に北での植生が乏しくなると南に移動しました。一万四〇〇〇年前に最終氷期が終わり、温暖化が始まりました。すると極北シベリアではすぐに植生が回復しました。ヨーロッパや北米では氷床が後退してもなかなか植生は回復しませんでした。氷床が覆っていた地域は、氷河があたかもブルドーザーのように表層《ひょうそう》土壌《どじょう》を剥ぎ取り、その上に氷河が運搬してきた土砂（モレーン）を厚く堆積《たいせき》させます。そのため、まず下生えの草が育って薄い土壌ができて次の植物が育つという繰り返しの上、ようやく本格的な植生が生えてきます。この間、早くても数十年を要します。その点、シベリア東部では既に土壌層が形成されているので、温暖化ですぐに植生が回復したのです。そのため草を大量に食べるマンモスには、すぐに北進することができ、

一万四〇〇〇年前から数百年で北極海の沿岸までやってきました。これは先史モンゴロイドにとっても都合が良く、彼らの素早い北進に繋がりました。シベリア東部は氷期~間氷期の大きな気候変動にもかかわらず、ケナガマンモスにとっては棲みやすい地域でした。しかしそれが後の絶滅に繋がる舞台にもなるのです。

図28　カナダのホワイトホースにあるユーコンベリンジア博物館に展示されているケナガマンモスの全身骨格
（写真：ユーコン準州観光局）

マンモスのからだ

ゾウから進化したマンモスは、進化を続けながら大陸を移動し、ケナガマンモスとなってシベリアに生息するようになりました。

シベリアで発掘された遺骸や骨格から、ケナガマンモスの生態は、現在地球上で生きているアフリカゾウに似ていたとされています。

そこで、マンモスの一生をアフリカゾウから推測してみました。

通常、マンモスは、成獣のメスと子供の数十頭の集団で生活します。その集団には成獣のオスが一頭のみ属しています。マンモスのオスは単独で行動していますが、まれにオスだけの少数の集団をつくることもあります。

メスは十五歳〜十八歳くらいで初産を迎えます。マンモスの妊娠期間は約二年間です。出産するのは一度に一頭のみ、出産間隔は四年〜九年です。出産後の授乳期間は二年から三年を要しますので、生後八年〜一〇年は母親のそばで暮らします。一〇歳になるとオスの子供は集団から離れて単独で行動するようになりますが、メスの子供の場合はそのまま集団に残ります。

マンモスの寿命は長く、八〇年と考えられます。これをメスにあてはめると、七〇歳ぐらいまで出産ができることになります。十五歳ごろに初産し、その後六年間隔で考えると合計一〇回の出産をすることになります。ほかのほ乳類とくらべて繁殖の頻度《ひんど》は低いのですが、これは外敵が少ないからでしょう。

次に、ケナガマンモスの体の特徴を、アフリカゾウ・アジアゾウと比較してみましょう（図29、30、31）。

ケナガマンモスのオスの体長は最大で約六・五メートルから七メートル、肩高は四メートルで体重は最大一〇トンと推定されています。これはアフリカゾウのオスとほぼ同じ大きさです。これにくらべてアジアゾウはやや小さく、体長六メートル、肩高三メートルで体重は最大六・七トンです。

耳の大きさを見てみましょう。アフリカ象が一番大きな三角形の耳、アジア象はそれよりも少し小さな耳、そしてケナガマンモスはもっとも小さい耳をしています。しかも、その小さい耳はほとんど毛で隠れていたようで

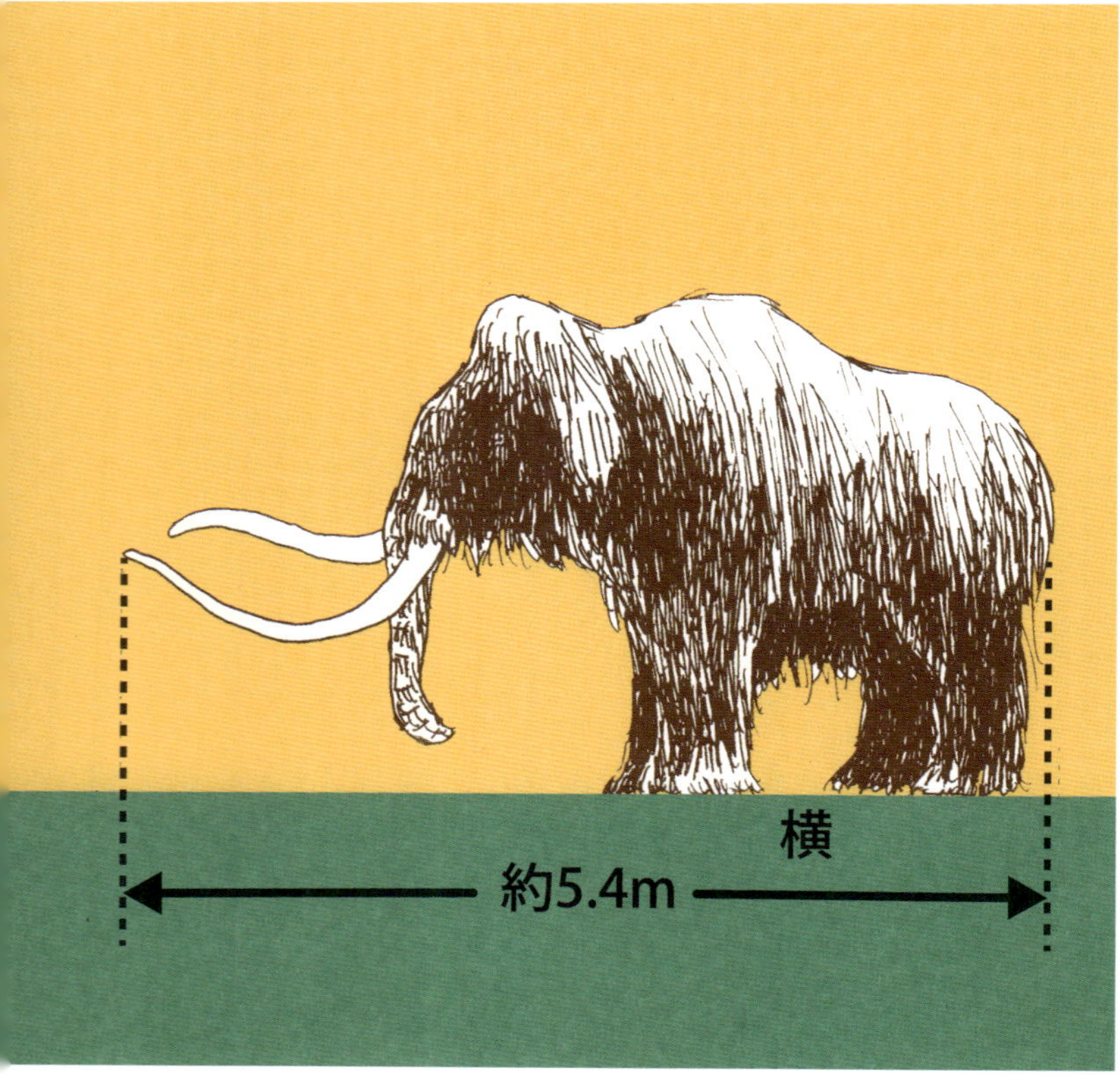
横
約5.4m

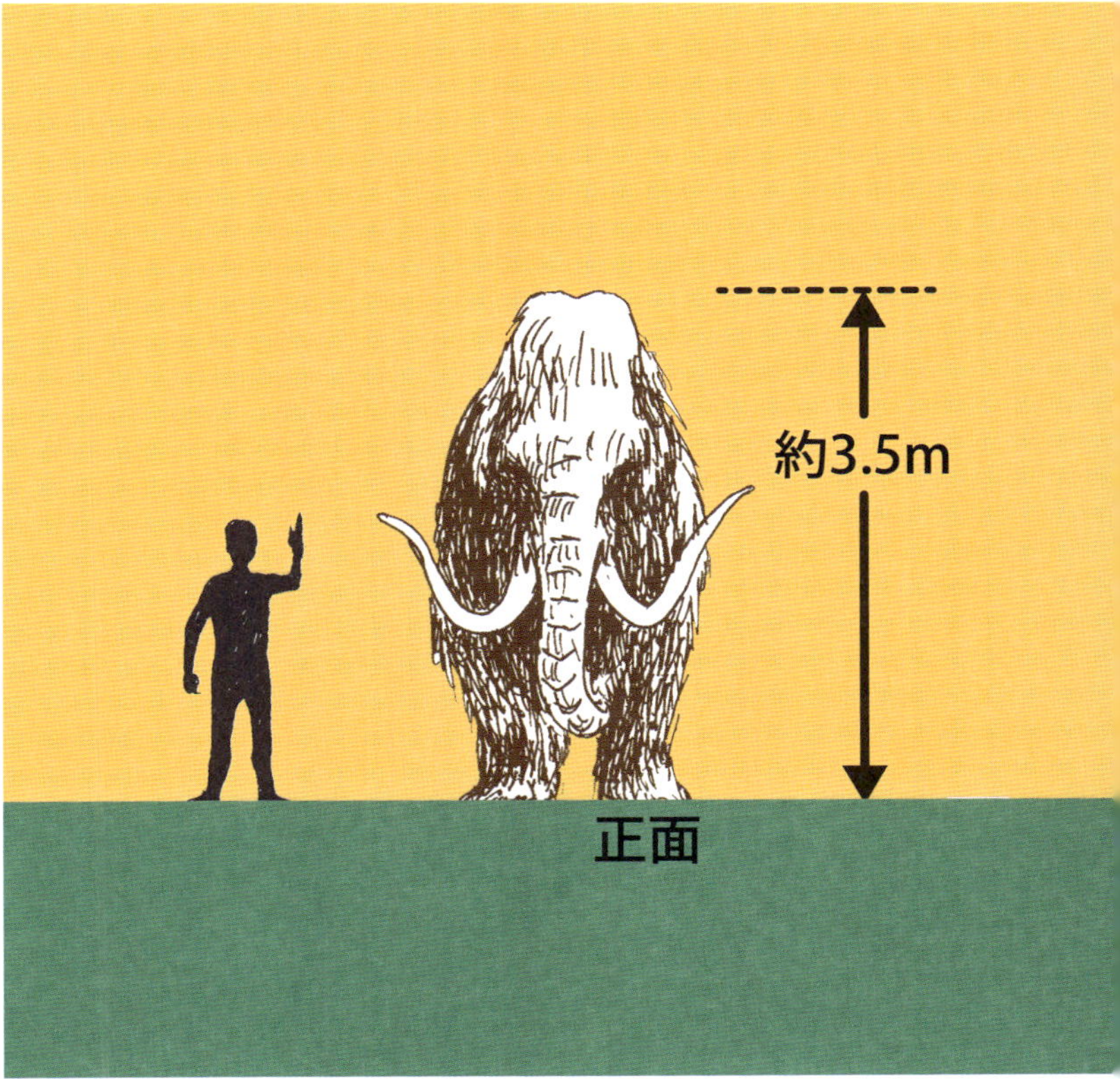

図 29 │ 正面から見たケナガマンモスと横から見たケナガマンモス（平均サイズ）

す。アフリカゾウやアジアゾウの耳には、本来の音を聞くための機能のほかに、耳の血管を通じて体温を下げるラジエーターの役割があります。しかしこれとは反対に、気温の低い寒冷地に移動したマンモスの耳は、体温を逃がさないように小さくなりました。しかし、マンモスの耳骨《じこつ》の構造からは、超低周《ちょうていしゅう》波《は》領域を聞き分ける聴覚が発達していたことがわかりました。アフリカゾウからの類推《るいすい》になりますが、約五ヘルツまで聞き分けられたようです。超低周波の音域は遠方まで聞き分けられるので、広大なシベリアでの生活に適応していました。

また、温暖な地域に生息しているアフリカゾウに体毛はほとんどありませんが、寒冷地に棲んでいたケナガマンモスには、寒さから身を守るための体毛がありました。マンモスの体毛は、長さ三〇センチメートルくらいの長い毛と数センチメートルくらいの短い毛とでできています。雪が付着しないようにところどころには短い毛が生えていますが、一見すると全身が長い毛に覆われてふさふさしているように見えます。これが学名の由来となり、ケナガマンモスと呼ばれるようになったのです。

図 30　アフリカゾウ。現在生きているゾウでは一番マンモスに近いとされる（写真上：Patryk Kosmider/Shutterstock.com、写真下：gualtiero boffi/Shutterstock.com）

ケナガマンモスで何より目につくのは、上に反り返った長い牙でしょう。マンモスの頭頂部《とうちょうぶ》はほかのゾウよりもコブのように盛り上がっていますが、このような巨大な牙を支えるために頭骨《とうこつ》が発達していたと考えられています。アフリカゾウのオスには最大三メートル以上にもなる牙がありますが、下方に伸びていて、これで土を掘って木の根や土中の塩分を摂取します。しかし、マンモスの牙はこうしたことには使われていなかったようです。選ばれたマンモスのオスは、繁殖期になると、メスと子供の集団に入ることができます。その際、オスの優越性《ゆうえつせい》のシンボルが大きな牙でした。マンモスのオスは、繁殖期になるとこの集団に入ろうと集まります。

オス同士は牙を見せ合う行動をとります。それで決着がつかないと最後は決闘《けっとう》となり、激しくぶつかり合います。勝者となったオスは、晴れてメスの集団に入ることが許されるのです。

また、アフリカゾウの尻尾《しっぽ》の長さは約一・五メートルもあり、アジアゾウでも一メートル近くあります。それにくらべてマンモスは極端に短く見えます(図32)。骨格を見るとゾウくらいの長さがあるのですが、寒い地域で体温を

図31　アジアゾウ。体はアフリカゾウにくらべてやや小さめ
(写真上：Pan Xunbin/Shutterstock.com、写真下：MossStudio/Shutterstock.com)

ボリショイ・リャホフスキー島で見つかったケナガマンモスの牙と歯

図 32 | ゾウの尻尾の比較

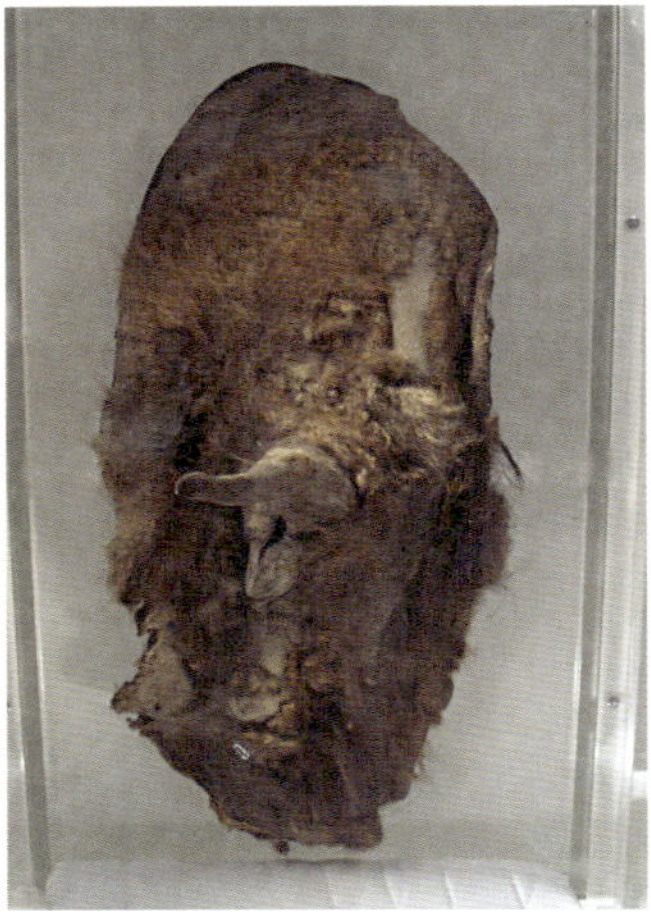

マンモス（撮影：北海道大学総合博物館）

アフリカゾウ
（Frank Wasserfuehrer/
Shutterstock.com）

アジアゾウ
（fotoslaz/Shutterstock.com）

維持するためにほとんどが皮膚に覆われていました。

さて、今度はマンモスの食生活を見てみましょう。マンモスの食生活はアフリカ象と同じように完全な草食性だったようです。ベレゾフカで発掘されたケナガマンモスの胃袋の中に残っていた内容物は、次のようなものでした。うち四種はイネ科なので、牧草のように食べられていたのでしょう。

- スズメノテッポウ属の一種（チシマヤリクサの基準亜種）（*Alopecurus alpinus*）
- カモジグサ属の一種（*Agropyron cristatum*）
- ミノゴメ属の一種（*Beckmannia eruciformis*）
- オオムギ属の一種（*Hordeum violaceum*）
- スゲ属の一種（*Carex lagopina*）
- セイヨウキンポウゲ（*Ranunculus acris*）（図33）
- オヤマノエンドウ属の一種（*Oxytropis sordida*）

これらの植物の多くは日本には分布していないので、対応する和名はあり

図 33　セイヨウキンポウゲ。かわいらしい花を咲かせている
（撮影：五十嵐恒一）

図 34 | レナ川付近のスゲの群落の景色

ません。しかし、現在のシベリアのツンドラでも普通に繁茂《はんも》しています（図34）。写真はレナ川付近のスゲの群落の景色ですが、けもの道とみられるものがあり、トナカイの角が落ちていました。

マンモスは、どのくらいの量の草を食べていたのでしょうか。アフリカゾウからの類推とベレゾフカで発掘されたマンモスの解剖《かいぼう》からは、一日あたり約一〇〇キログラムの草を食べていたことがわかっています。

マンモスの牙には、成長の歴史が詰まっています。ミシガン大学のダニエル・フィッシャー教授は、発掘したマンモスの牙から試料として採取した薄《はく》片《へん》を軟《なん》X線で拡大して観察してみました。すると牙の断面からマンモスの成長を反映し、年輪のような成長線が現れたのです。現在、北海道博物館で展示されているマンモス牙の外側にもこのような模様を見ることができます（図35）。この成長線から推定すると、マンモスは夏は寝ずに草を食べ続けていたことがわかります。アフリカゾウも、一四時間続けて草を食べる生活をしています。とにかく草を食べ続けなければ、一日あたり一〇〇キログラムもの量を摂取できないというわけなのです。

図 35 | ケナガマンモスの牙に現われた成長線（撮影協力：北海道博物館）

しかし、そんな大量の草を噛み続けていると、もちろん、歯は消耗《しょうもう》していきます。マンモスやゾウの仲間は、私たち人間とは異なる歯の構造をしており、顎の奥から新しい歯が生えて、古い歯を水平に押し出して入れ替わるようになっています（図36）。ただし、入れ替わる回数には上限があり、アフリカゾウの場合は六回です。このことから考えると、マンモスの寿命は七〇歳〜八〇歳であったと推定されるのです。

大量の草を摂取するため、マンモスの一日の移動距離は四〇キロメートル以上だったとされています。また、冬季に北の地域の草が枯れてくると、エサを求めて一〇〇〇キロメートル以上南下したと思われます。

なお、マンモスの嗅覚については現在も不明のままですが、二〇一四年に発表された研究論文によると、アフリカゾウは臭いを感じ取る嗅覚受容体の遺伝子がイヌの約二倍あることがわかりました。アフリカゾウと生態が似ていることから、マンモスも嗅覚が優れていた可能性が考えられます。

図 36 | 上：ケナガマンモスの下顎（撮影協力：北海道博物館）、
下：臼歯（撮影協力：北海道大学総合博物館）

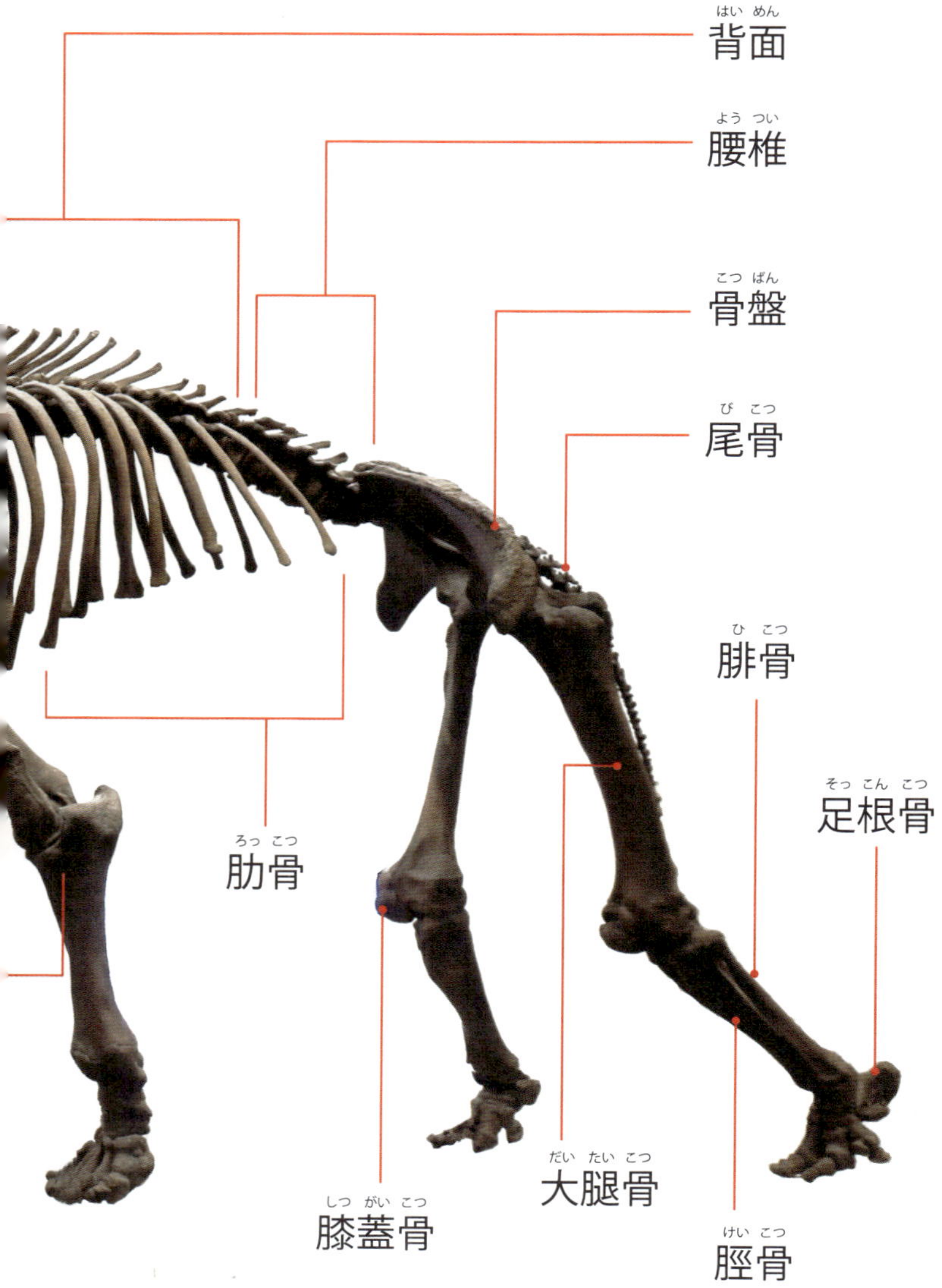
背面《はいめん》
腰椎《ようつい》
骨盤《こつばん》
尾骨《びこつ》
腓骨《ひこつ》
足根骨《そっこんこつ》
肋骨《ろっこつ》
大腿骨《だいたいこつ》
膝蓋骨《しつがいこつ》
脛骨《けいこつ》

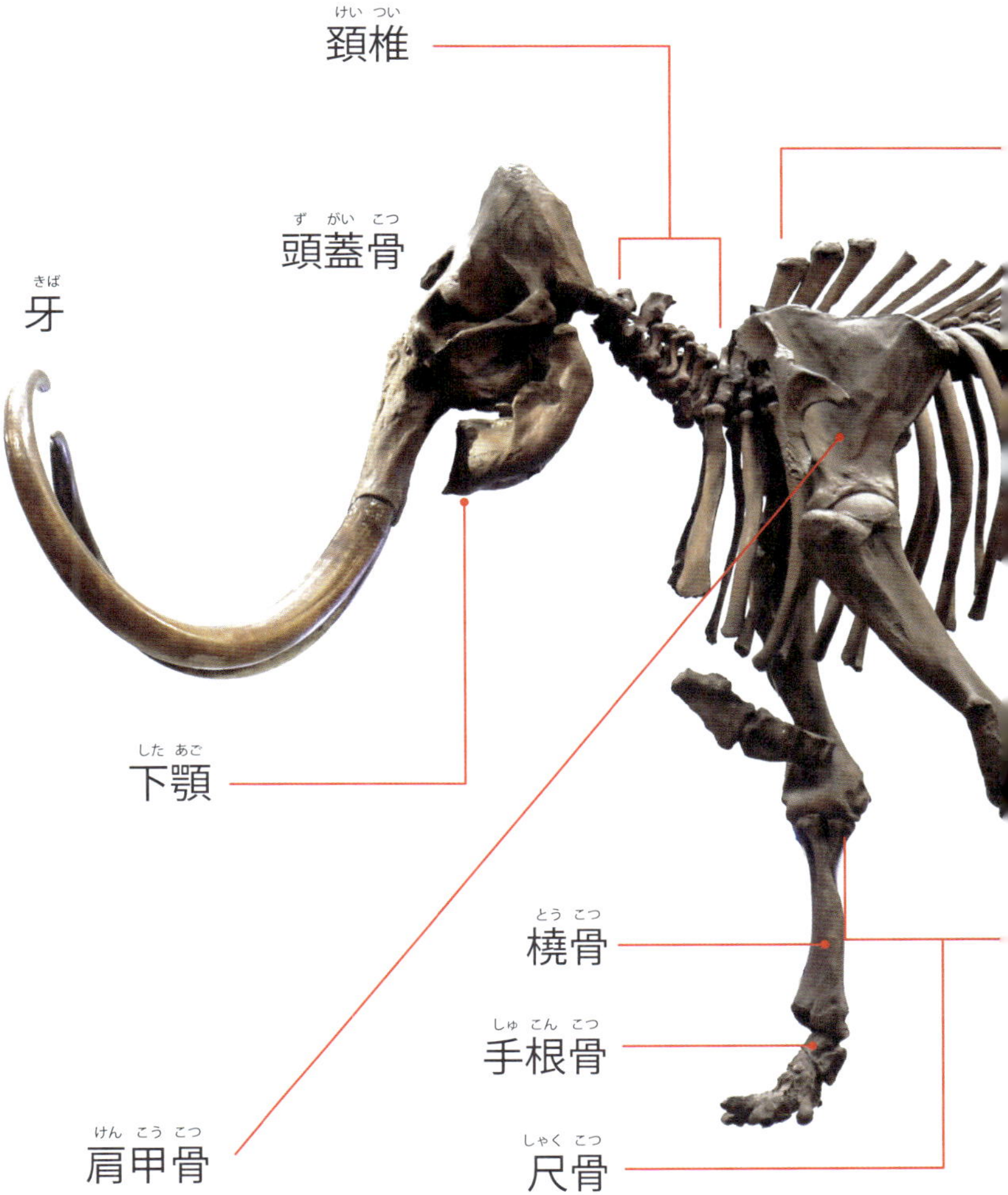

ケナガマンモスの骨格構造（撮影協力：北海道博物館）

シベリアを拓いた人々

ロシアが領土拡大を企てて東に進出したのは、一六世紀モスクワ公国のイワン四世（雷帝《らいてい》）が皇帝（ツアーリ）になってからです。イワン四世は全ロシアを支配下に治めるために、皇帝専制主義《こうていせんせいしゅぎ》で強権支配《きょうけんしはい》を行いました。この頃、南ロシアには「コサック」と呼ばれる、農奴《のうど》から逃れて半農半牧生活をするグループがいました。彼らはやがて武装騎馬民《ぶそうきばみん》として結束《けっそく》し、雇われながら辺境《へんきょう》警備を行うようになりました。

この時代、ロシアの毛皮はヨーロッパへの主要な輸出品でした。有力な毛皮商人のストロガーノフ家はイワン雷帝の庇護《ひご》のもとで、ウラル山脈東側での毛皮取引の独占を企み、エルマックを隊長とする傭兵《ようへい》を送り込みました。一五八〇年頃には、コサックであるエルマックはタタール人の支配するシビル・ハン国を打ち破りました。コサックは支配地域に砦《とりで》を築き、エニセイ川付近にまで到達し、一六二八年にはクラスノヤルスクの砦を築きました。ロシア人が支配した地域では、住民から毛皮税として年に一枚の毛皮を上納させました。

税の取り立てのために役人がコサックに守られて支配地域にやってきました。一六二三年にコサックのパンテレイ・ピヤンダがレナ川まで走破し、支配地域を広げ、一六三二年、コサック中尉《ちゅうい》のP・ベケトフが率いる部隊が初めてヤクーツクに砦を築きました。その後、原住民のサハ人の抵抗を圧し、一六四三年にヤクーツクの砦を再建したのです。

一六四八年にドミトリー・フランツベコフがヤクーツクの提督《ていとく》として赴任《ふにん》しました。シベリア西部で毛皮商人のストロガーノフ家に雇われていたエロフェイ・ハバロフは、中国支配下のアムール川下流へコサック部隊の派遣を提案します。一六五〇年～一六五三年、ハバロフ率いる部隊はアムール川下流まで遠征して各地に要衝《ようしょう》を築きました。極東シベリアの拠点《きょてん》都市ハバロフスクは彼の名にちなんで命名されました。ハバロフスクの街の広場には東に向かって立つハバロフの記念碑があります（図A）。

コリマ川地域を探検し、さまざまな地理学的発見をしたのは、ポーランド人の地理学者イワン・チェルスキーです。彼は一八六八年にロシアで研究調査中に囚われ、シベリア送りになりました。その後、現地で放免《ほうめん》されますが、そのままシベリアに留まり、それまで前人未踏《ぜんじんみとう》だったコリマ川の右岸の山岳地域を一八八〇年代に探査しました。後にその山岳地域はチェルスキー山脈と命名されました。さらに、コリマ川下流の都市もチェルスキーと命名されました(図B)。

北極海に浮かぶノヴォシビルスク諸島を探検し、それらがリャホフスキー諸島、コテリヌイ島、ノバヤ・シビリ島、ファデエフスキイ島からなることを明らかにしたのは、ヤクーツクの商人ヤコフ・サンニコフです。毛皮とマンモスの牙を採取して、それを中国へ売りさばいていました。一八〇八年から一八一〇年の探検では最北のノバヤ・シビリ島を探査した際に、さらに北に島があったと報告しました。この仮想の島はサンニコフ島と呼ばれ、多くの探検家がその発見を試みました。

ソビエト政府も、一九四四年まで存在を確信していましたが、その後、航空機観測や衛星画像などから存在は否定されました。しかし私は、サンニコ

図Ａ｜ハバロフスクの町の広場に建つ、エロフェイ・ハバロフの記念碑。

図B　イワン・チェルスキーの像。探査した土地にその名は刻まれている

フ島は存在していて、海岸浸食《かいがんしんしょく》でのちに消失したのではないかと推定しています。その理由は、レナ川河口のチクシ近くにも、消えかけている島、ムスタッハ島があるからです。

ムスタッハ島は全長十三キロメートルの細長い島です。一番細くなっている部分はわずか五〇メートル幅しかありません。私は実際にこの島を訪れたことがあります。ここは強い沿岸流《えんがんりゅう》で海岸が洗われ、そこに温暖化により融解が進行することで、相当の速い速度で浸食されています。現地での観測ではあと一〇年から二〇年で島は消失するだろうとのことです。私はサンニコフ島も同じような状況だったのではないかと考えています。

サンニコフ島の存在確認のため、一八八五年〜一八八六年に探検家エドワルト・トールはサンクトペテルブルグ科学アカデミー派遣の新シベリア諸島探査を実施しました。彼は現在のエストニアのタリン出身で、地質学の専門家でした。彼の残した報告書には、地下氷エドマの詳細なスケッチが描かれていました。彼は一九〇〇年〜一九〇三年に越冬しながら、ノバヤ・シビリ島などをめぐる長期調査を行いました。しかし、一九〇三年にノバヤ・シビリ島で消息が途絶えてしまいます。救援隊《きゅうえんたい》が編成され捜索《そうさく》を行いましたが、ついに彼を発見することはできませんでした。

チクシにある彼の記念館を訪れたことがあります。島々で採取した化石や植物標本が残されていました。北極探検では、トナカイに乗って移動したそうです。シベリアは、こうした多くの探検家により隅々まで調べられ、貴重な地下鉱物資源がたくさん見つかっているのです。

第2章

マンモスの歴史

The Woolly Mammoth

シベリアの永久凍土地域
—永久凍土とは?—

マンモスが生息していた地域のシベリアには、年間を通じて凍結したままの永久凍土《えいきゅうとうど》が広がります。しかし、永久凍土とは、どのような土地なのでしょうか。氷河や大規模な氷床《ひょうしょう》は、純白の氷が流れるように分布する美しいスイスアルプスの風景や、氷の大陸の南極などを目で確認することができるので誰でも思い描くことができます。

しかし、永久凍土というあまりなじみのない言葉からその地を想像するのは難しいでしょう。寒冷地の草原タイガや針葉樹のツンドラが広がる、寒そうな土地を漠然とイメージされるかもしれません。

永久凍土は一見したところ、どこに分布しているのか、また、深さがどれだけあるのか、地表面を見てもわかりません。永久凍土とは「少なくとも二年以上、温度が〇度以下を保っている大地の状態」を指します。

シベリアを含む北半球での永久凍土の分布を見てみましょう（図1）。永久凍土は二種類あります。地球の北に広がる、「連続的永久凍土《れんぞくてきえいきゅうとうど》」では水平的にも垂直的にも途切れることなく、永久凍土が発達しています。これに対して「不連続的永久凍土《ふれんぞくてきえいきゅうとうど》」では、場所によって永久凍土が存在しないところがあります。たとえば川や湖がある場所では凍土が連続せず途切れています。アラスカの大部分はこの分布域です。またチベット高原は高さ五〇〇〇メートルを超えるために、ユーラシア大陸でも少し南に寄って分布しています。

シベリアの北極海沿岸とアラスカ、カナダの北極海沿岸には「海底永久凍《かいていえいきゅうとう》土《ど》」が分布します。これは文字通り、海洋底の下に存在する永久凍土です。二万年前の最終氷期に、地球全体の海面は一〇〇メートル低下し、ここは陸地化して永久凍土となりました。氷期が終わり一万四〇〇〇年前に海面が上昇すると、ここは再び海面下に没しました。冬季には海氷が覆うこの地域の海底面の年平均温度はマイナス一・四度で、その下のすでに存在している永久凍土を暖めて融解《ゆうかい》することはありません。海底永久凍土は過去の海面低下

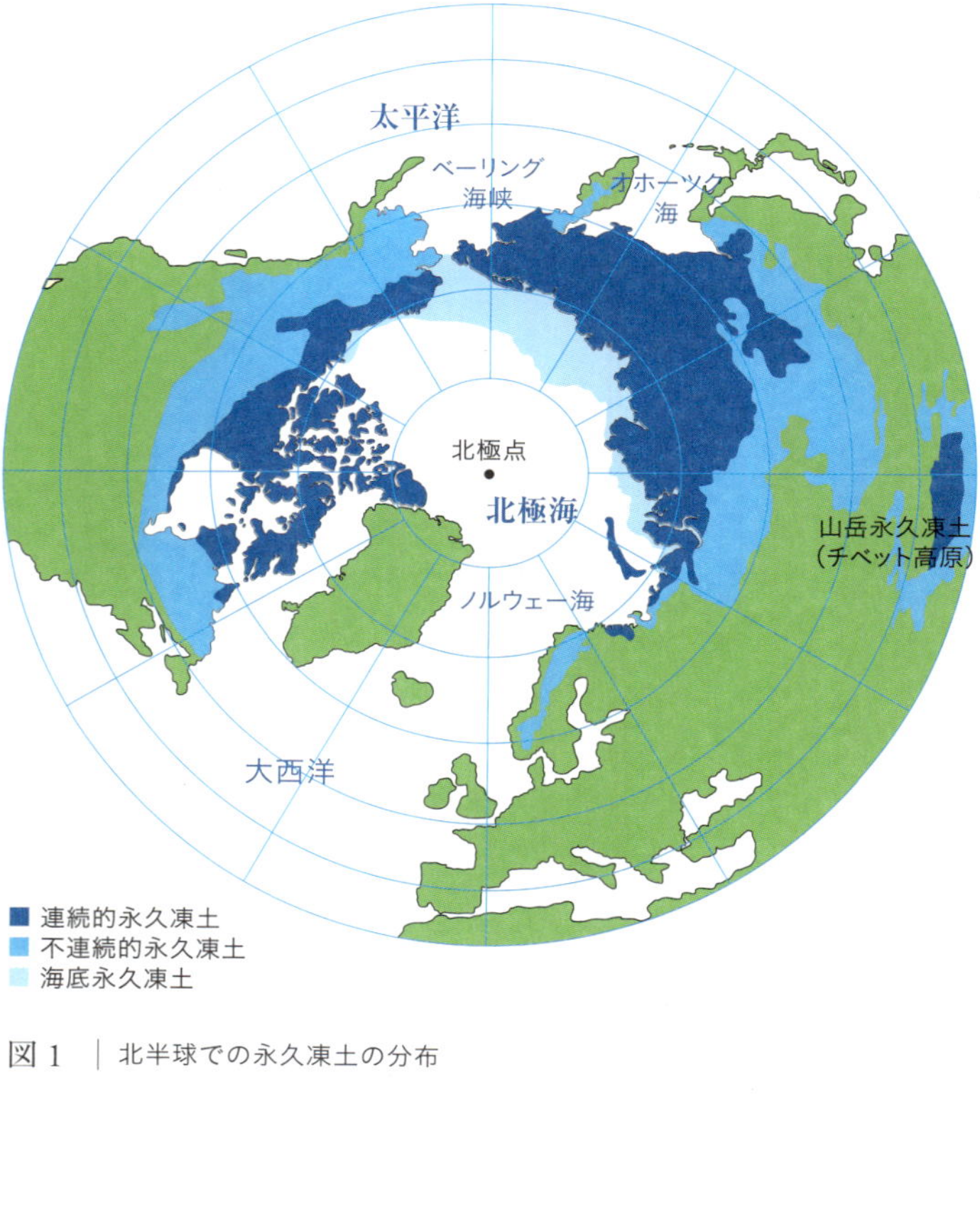

図 1 ｜ 北半球での永久凍土の分布

と寒冷条件の名残であり、それがそのまま保存されているのです。

ちなみにロシアは国土の約五〇パーセントが永久凍土地域です。アラスカはほぼ全域が永久凍土地域です。この分布図ではグリーンランドを永久凍土地域に含めていますが、実際は氷床で覆われています。

最近の温暖化をロシアでは歓迎する声も聞かれます。永久凍土の南縁部では、凍土が融解してその場所で農業が可能になるからです。しかし永久凍土の融解で起きるのは良いことばかりではありません。凍土に含まれる地下氷が融解すると地面が陥没《かんぼつ》します。そのため建物が傾いたり、道路や鉄道の維持が難しくなります。チベット高原を走る鉄道では、むしろ永久凍土を融解させない工夫をしているほどです。

永久凍土の深さの分布を正確に調べるには、ボーリング調査や物理的な探査など、手間ひまかかる科学的調査が必要です。その点、シベリアでは豊富な資源が地下にあることを求めて、科学的な調査が多くの場所でなされてきました。そうした最新の調査によって、永久凍土の深さの分布を得ることができたのです(図2)。

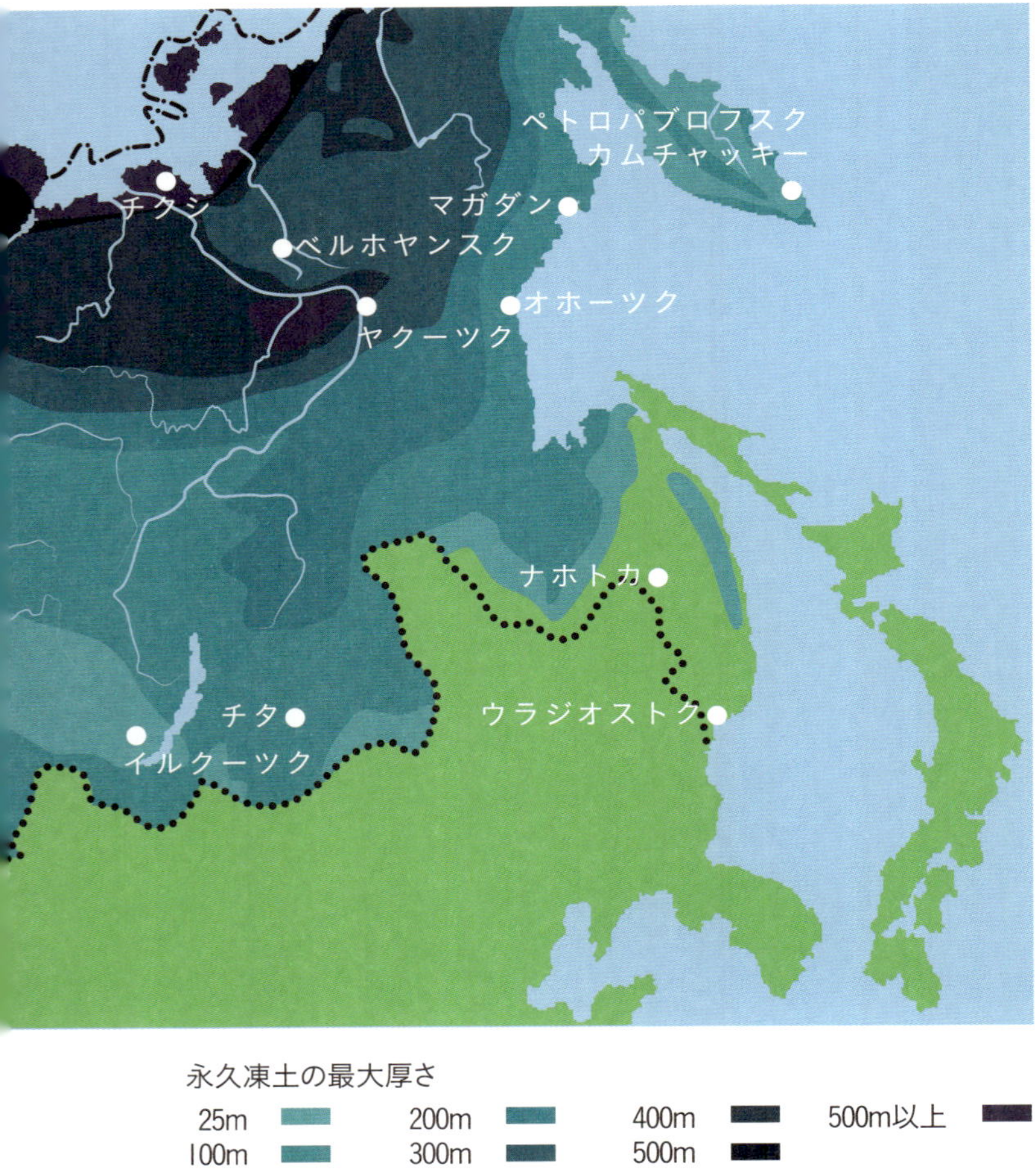

図 2 | シベリアの永久凍土の深さの分布

さて、シベリアの永久凍土の分布図を見ると、東西で永久凍土の分布が異なることに気がつくと思います。シベリア西部での分布は北極海沿岸に限られていますが、シベリア東部では分布はずっと南まで下がり、アムール川を越えて中国にまで達しています。

シベリアの東西の永久凍土の深さを比べてみましょう。シベリア東部下流のチクシは北緯七十二度で年平均気温はマイナス十二度です。ここでの永久凍土の深さは六〇〇メートルを超えています。一方、シベリア西部のエニセ

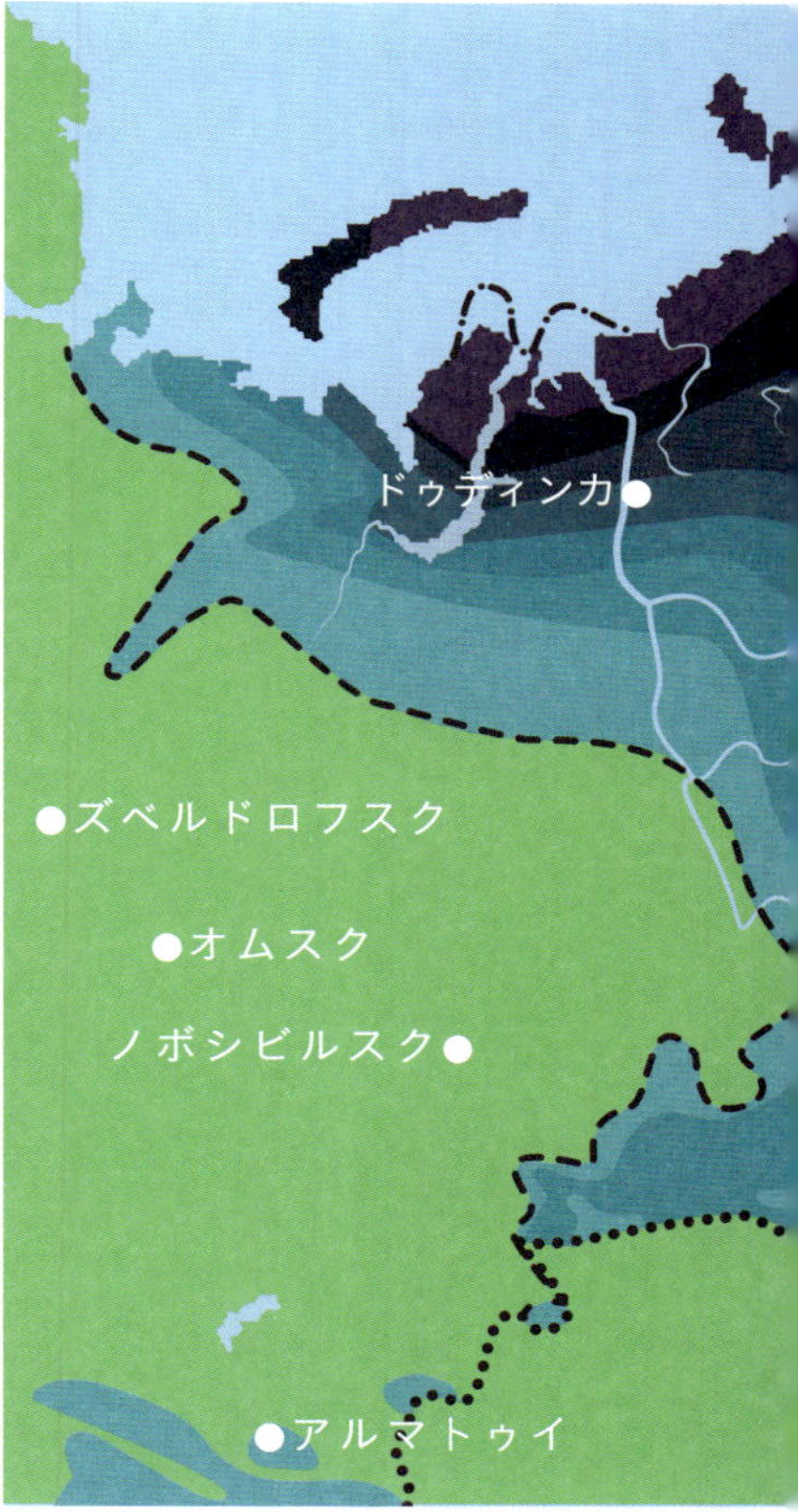

イ川河口のドゥディンカは北緯七〇度。年平均気温は約マイナス一〇度ですが、永久凍土の深さは二〇〇メートルに過ぎません。二つの地の気候条件の差はほとんどないにも関わらず、永久凍土の深さが異なるのは一体なぜでしょうか。それは、永久凍土の深さや分布を決めるのは現在の気候条件だけではなく、過去の気候変動の履歴《りれき》が影響しているからです。約二万年前の氷河期《ひょうがき》（学術用語では最終氷期《さいしゅうひょうき》）にシベリア地域を覆っていた氷河の分布の違いが、現在に反映されているのです。

規模の大きい氷河を氷床と呼びますが、最終氷期には地球全体が寒冷化し、北半球には二つの氷床が発達していました。それらを合わせると、現在の南極氷床の一・五倍以上ありました。

現在の南極氷床も厚さは二〇〇〇メートルを超えていますが、その基底は凍結していません。厚い氷床の下では永久凍土は形成されないのです。

つまり二万年前のシベリア西部は氷床が覆ったため、永久凍土は存在していませんでした。一方、シベリア東部は氷床に覆われていなかったため、厳しい寒さにさらされ、深部まで永久凍土が分布していたのです。一万四千年前に氷期が終わり、シベリア西部の氷床も消失して地表面が露出しました。この時期から徐々にシベリア西部でも永久凍土が形成され始めましたが、まだ成長過程にあり、地表面の寒さにつり合った深さには達していないのです。逆にシベリア東部は氷期終了で少しずつ永久凍土は浅くなっているのですが、これも現在の地表面温度とつり合った深さにはなっていません。永久凍土が地表面の温度（境界温度《きょうかいおんど》）に対して平衡《へいこう》に達するには数万年を要します。このままの気候条件がこれから数万年継続すれば、東のチクシと西のドゥディンカでは永久凍土の深さは等しくなるはずです。現在のシベリアの永久凍土の分布と深さは、過去の条件を記憶したままなのです。

永久凍土の植生

永久凍土の地表面にどのような植生《しょくせい》が覆うかで、ツンドラとタイガに分類されます。最も暖かい月の平均気温が一〇度以下では樹木は生育できません。そこは湿原性《しつげんせい》の草本が覆うツンドラ（図3）となります。それより南側では針葉樹が密に地表を覆うタイガ（図4）になります。ちなみにツンドラもタイガ

図3 ｜ 湿原性の草本に覆われたツンドラ

図4 ｜ 針葉樹に覆われたタイガ

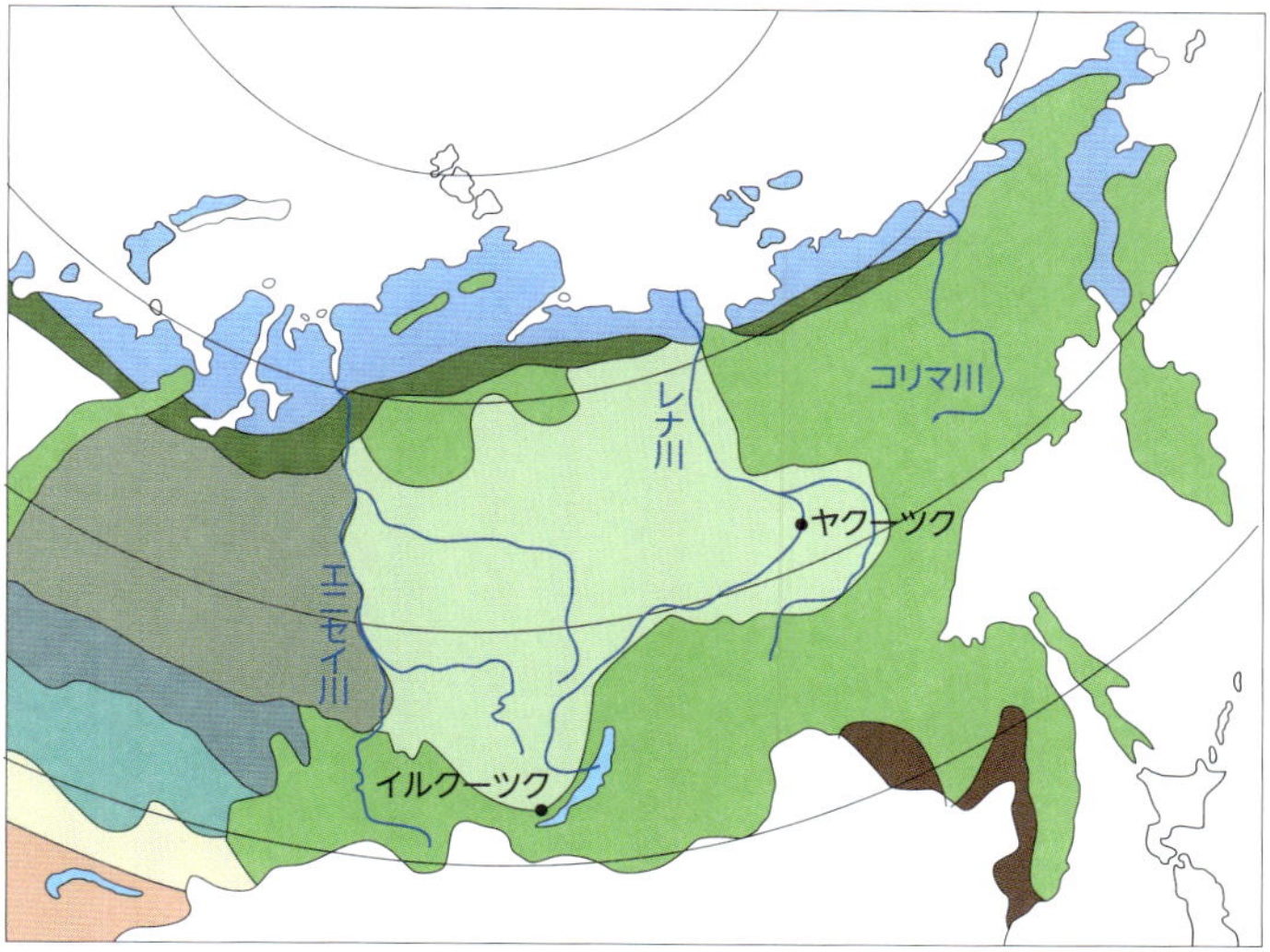

山地　ツンドラ　半砂漠
暗いタイガ　極東混合林　温帯砂漠
明るいタイガ　森林ステップ
森林ツンドラ　ステップ

図5　｜現在のシベリアの植生

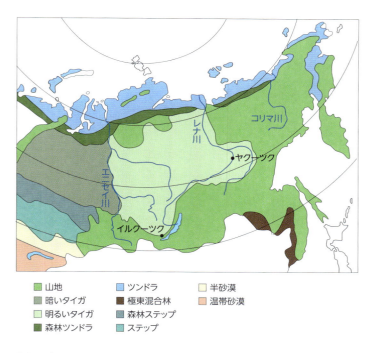

も語源はロシア語です。

現在のシベリアの植生を簡単に示してみましょう（図5）。シベリア西部のタイガは北海道のエゾマツの仲間で常緑針葉樹《じょうりょくしんようじゅ》のトウヒ属です。これはアラスカやカナダと同じタイプです。北海道の森はうっそうとして暗いのですが、シベリア西部のタイガも同様です。そこで「暗いタイガ」と呼ばれています。シベリア東部のタイガは樹間も空いていて、「明るいタイガ」と呼ばれています。

そこには高さ二〇メートルを超える落葉針葉樹《らくようしんようじゅ》のダフリアカラマツが繁茂《はんも》するのですが、凍土層には根は入り込めません。永久凍土の地表一メートルは夏に融解しますが、その下にはさらに約三〇〇メートルは永久凍土が存在します。この夏融解と冬凍結を繰り返す層を活動層《かつどうそう》と呼びます。永久凍土の上に生えている木々は、背は高くまで成長するのに浅くしか根を張れないために、強風が吹くと踏ん張れず、倒れてしまいます（図6）。これが、樹間が空いている理由のひとつです。

また、タイガと永久凍土は、持ちつ持たれつの共生関係にあります。シベリア東部のヤクーツクの年降水量は二三八ミリメートルです。植生と降水量

図６　｜倒れたダフリアカラマツ

図７　｜タイガの下に露出した永久凍土

の関係を示すケッペンの気候区分によれば、年降水量二〇〇ミリメートル未満は砂漠に属します。ヤクーツクの年降水量の数字を見ると、砂漠に近い乾燥地のはずなのに、世界最大の樹林のタイガが広がっているのは、なぜなのでしょう。

その理由は地下にあります。タイガの下には永久凍土が存在しており（図7）、表層の一メートルは夏に融解しますが、その下は凍結したままで、この永久凍土があるために、地中に水を浸透させません。冬の積雪の融解水も夏の降水も地下には浸透せず、表層の活動層に蓄《たくわ》えられています。降水量の少ない代わりにこの水を有効に使ってタイガの樹木は生育できるのです。

さて、永久凍土のタイガへの依存はというと、夏の強い日射をタイガが遮《さえぎ》ってくれることです。つまり、タイガのおかげで永久凍土は夏に深くまで融解しないですむのです。もしタイガが森林火災で失われると、永久凍土はより深くまで融解します。当然地下氷も融けてなくなります。すると、地面が陥没し窪《くぼ》地《ち》になります。そこに融解水が溜まるとさらに永久凍土は融解が進行し陥没してゆきます。結果としてタイガの中に融解した凹みに水が溜まっ

図8　|　タイガの中に現れたアラス

て湖沼ができます（図8）。この凹みの地形を「アラス」と呼んでいます。シベリアのタイガの中には、このように永久凍土とタイガの平衡関係が崩れて形成されるアラスがいたるところにできています。

巨大な地下氷 エドマ

ところで、マンモスの成獣《せいじゅう》（アダムスのマンモス）が凍結状態で発見されたレナ川河口のブイコフスキー半島の海岸で、永久凍土に巨大氷が露出《ろしゅつ》していました。また、タイガと永久凍土の共生関係を示す図でも永久凍土に地下氷が含まれていました。この地下氷を現地の言葉で「エドマ」と呼びます（図9）。ふしぎな響きですが、食べられつつある氷という意味です。このエドマはどのように形成されたのでしょうか。

私はエドマの形成について調べるために、一九九三年と一九九四年に、現地調査を実施しました。場所はボリショイ・リャホフスキー島の南側の海岸です。ここでは氷の厚さは二〇メートルですが、最大で四〇メートルの厚さがあります。そして氷の分析などからエドマの成因がわかりました。

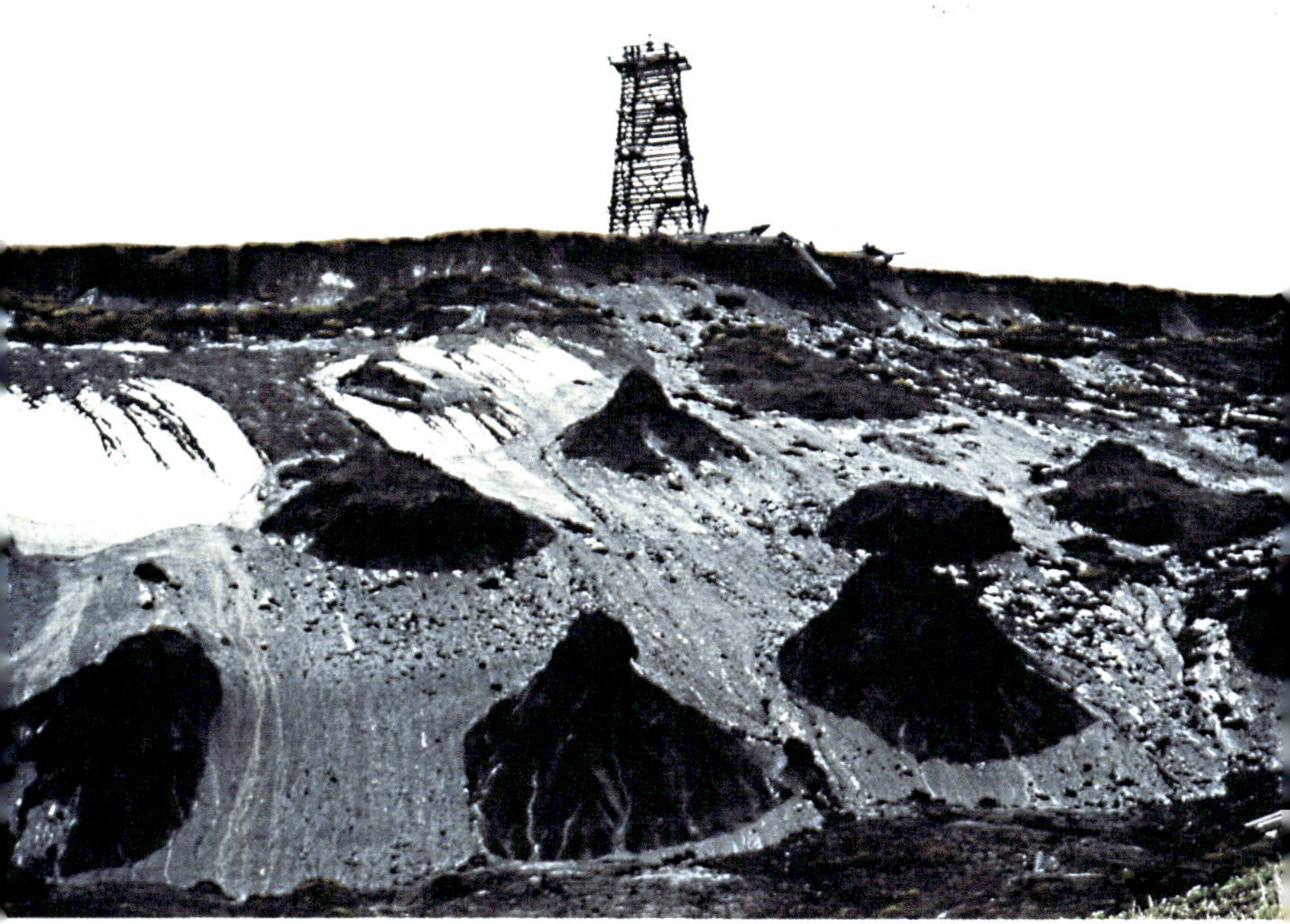

図9　永久凍土が露出した崖。アダムスのマンモス発見現場は海岸浸食で地形が変わっていて確認できなかった

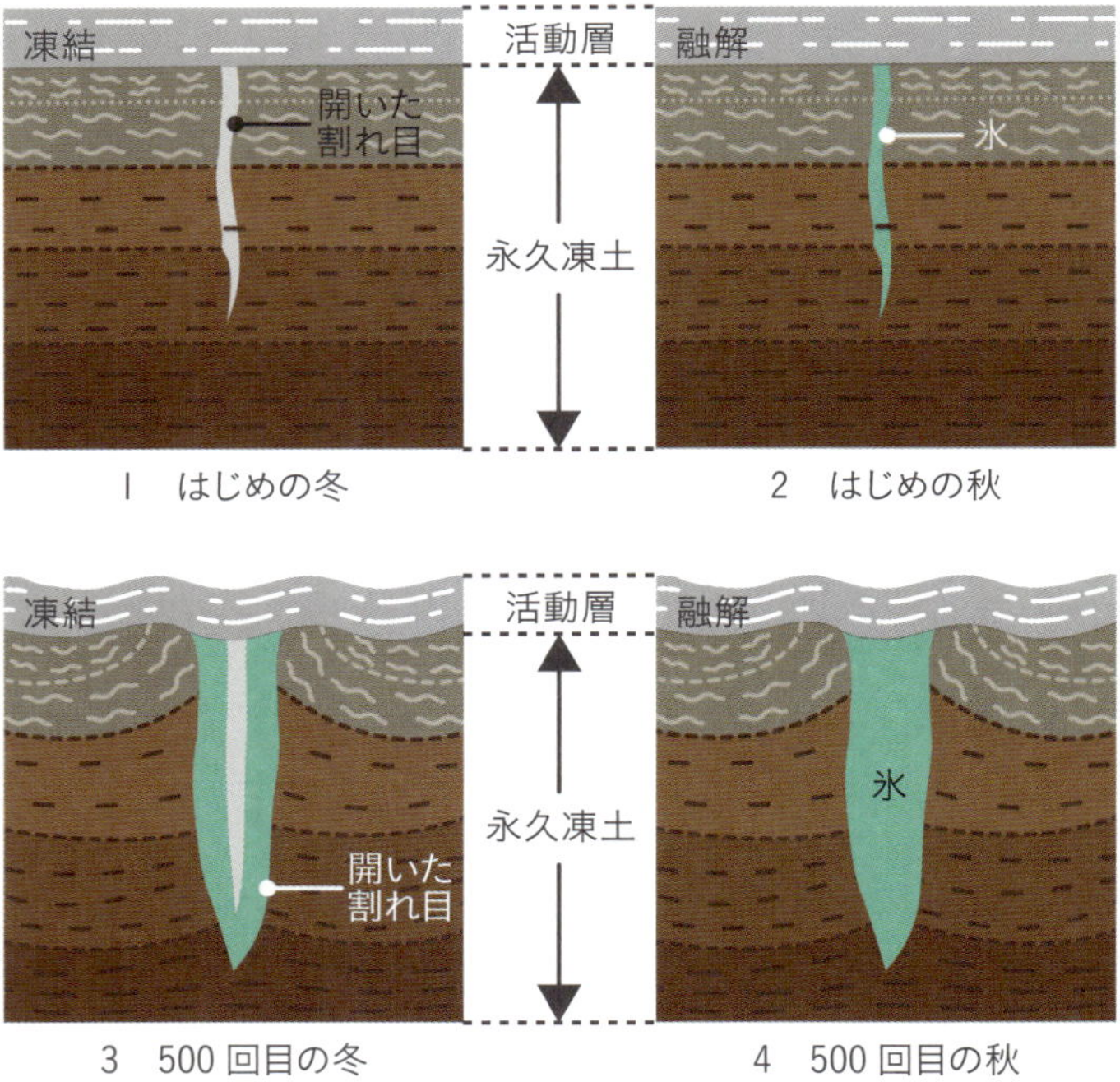

図 10 ｜ 永久凍土で氷楔が大きくなってく過程

永久凍土地域では冬に地面が強く冷却されると、地面は収縮します。すると地割れが発生します。夏は融解水がこの地割れに流入し、そこで凍結します。翌年また同じ場所（氷のある場所）で割れ目ができます。氷と永久凍土の引っ張り強度を比較すると、氷の方が割れやすいからです。これを繰り返すことで、楔状《けつじょう》の氷が太くなってきます（図10）。しかし、氷楔《ひょうせつ》の長さはせいぜい四メートルまでです。エドマの厚さ四〇メートルにはなり得ません。そこで考えられる過程が、同時形成型氷楔《どうじけいせいがたひょうせつ》と言われるプロセスです（図11）。

①寒冷期にまず氷楔が形成されます。
②気候の温暖期に河川沿いでは上流から土砂が運搬《うんぱん》され、地表を覆って堆積《たいせき》します。
③再び寒冷期になり氷楔が成長して地下に伸びます。
④次の温暖期でまた地表に土砂の堆積があります。エドマの分布が河川の河口や中流・下流に限られることから、温暖期の土砂堆積が都合よく起こるのです。

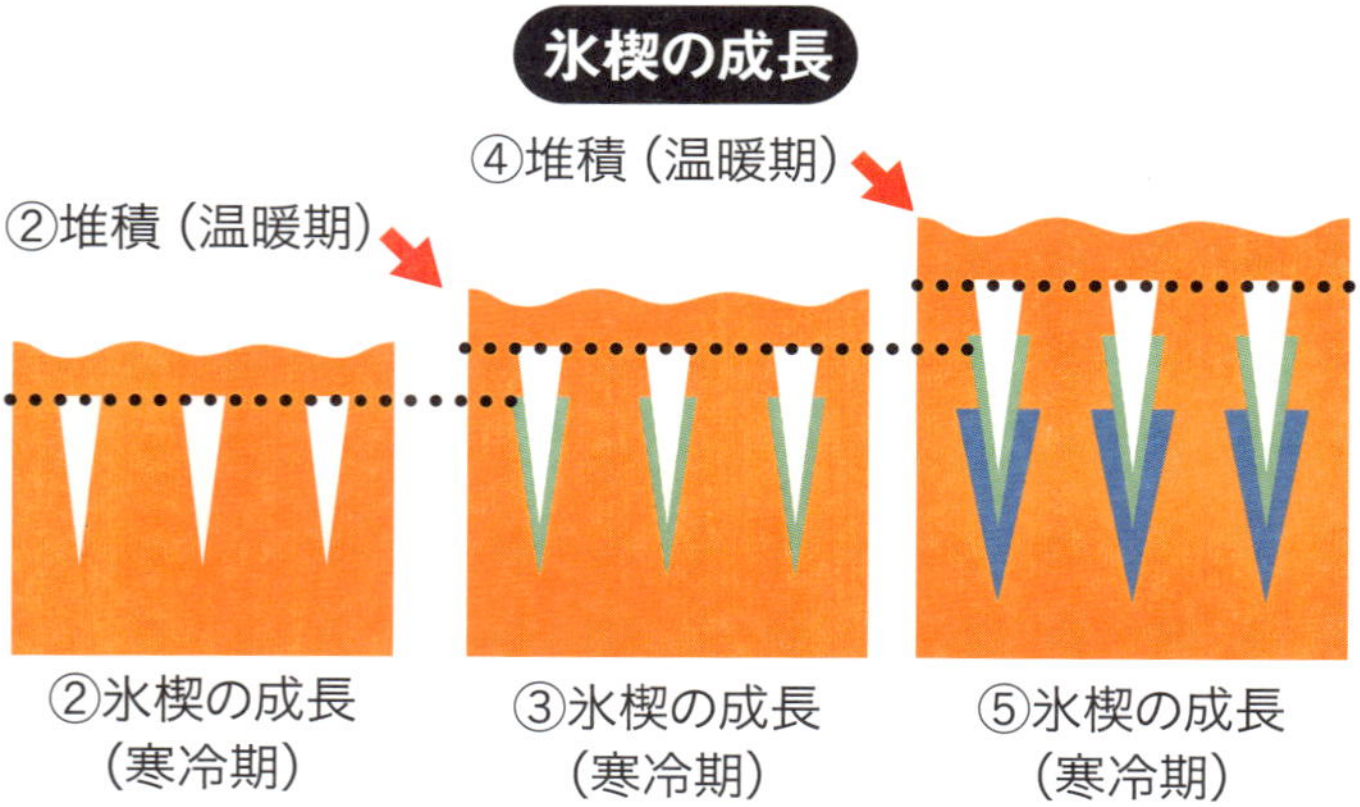

図 11 ｜ エドマ形成のしくみと思われる、同時形成型氷楔のしくみ

⑤ 寒冷期の氷楔の成長で地下氷は垂直にも水平にも拡大してエドマが形成されます。

シベリア西部のヤマル半島には少し構造の異なる地下氷が分布します。この地下氷は現地の言葉でハッセリョーと言います。氷の結晶構造から、これはかつて存在した氷床の残存であることがわかります。氷期の終わりに湖をせき止めていた部分が決壊《けっかい》して大量の土砂を下流に押し出し氷床の上に堆積しました。つまり氷床の一部が埋没《まいぼつ》して残された地下氷なのです。エドマやハッセリョーはシベリアでのダイナミックな気候変動の副産物《ふくさんぶつ》と言えます。

永久凍土から発見されるマンモス

近年の地球温暖化《ちきゅうおんだんか》で、一番はっきりと影響が表れているのは北極圏《ほっきょくけん》です。北極海の海氷が縮小しているのがその典型的な例ですが、シベリアは世界で一番温暖化が顕著《けんちょ》な地域でもあります。現在の地球温暖化のもとでは、年平均気温は一〇〇年で〇・五度上昇していますが、シベリアではその五倍の温度上昇が起こっているのです。シベリアのヤクーツクの年平均気温の変動を見てみましょう（図12）。

一七四二年に、スウェーデンのセルシウスが近代的な温度計（水の凍結点が〇度、水の沸騰点が一〇〇度）を考案しました。この頃、ロシアでは西欧諸国に追いつくためロシア科学アカデミーが創設《そうせつ》され、科学の振興《しんこう》に力を注ぎ始めます。そこで、この温度計を大量に購入し、ロシア各地で近代的な気象観測が開始されました。ヤクーツクでの観測は一九世紀初めから始まり、それを

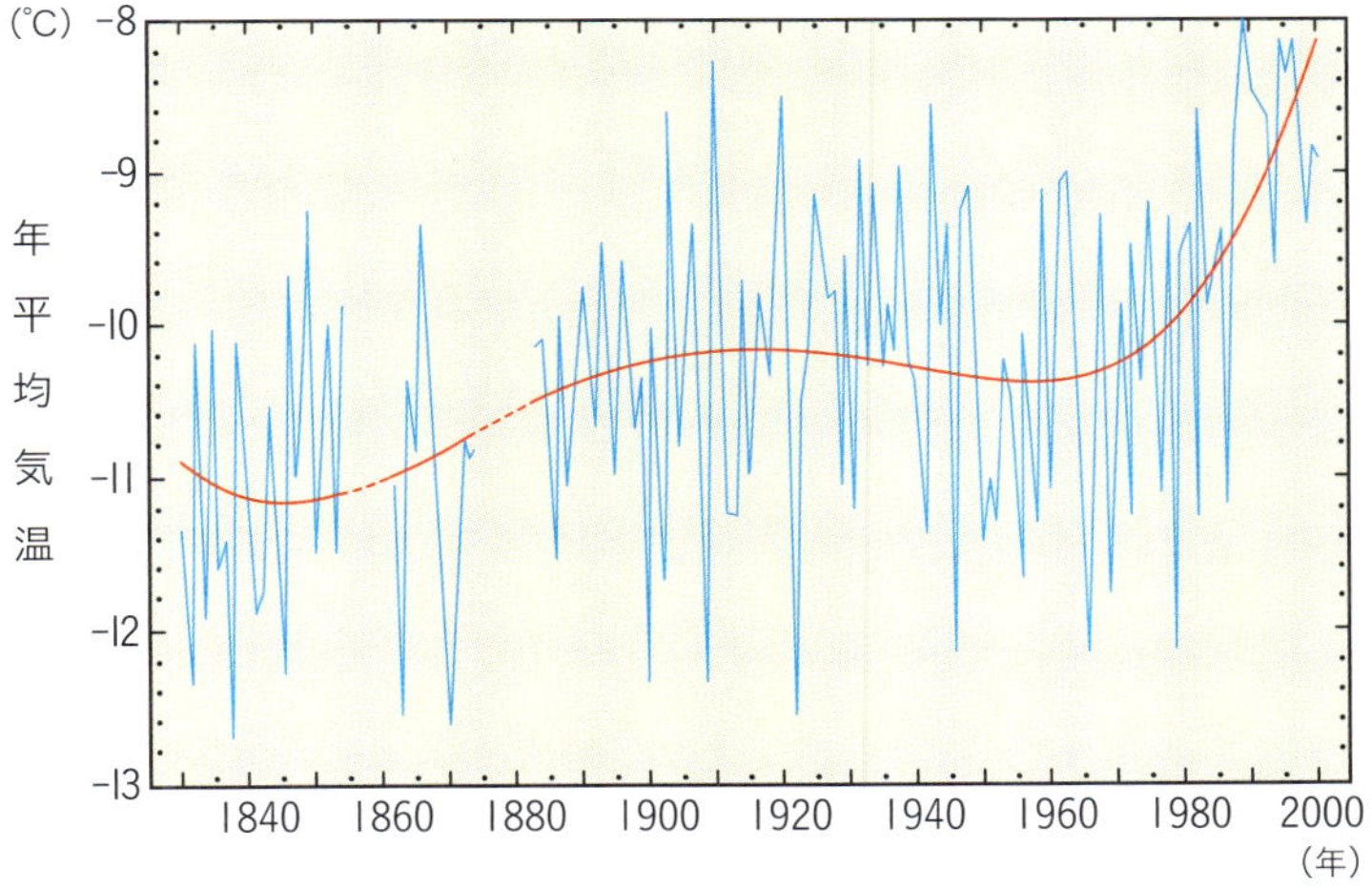

図 12 ｜ ヤクーツクの年平均気温の変動

反映し、二〇〇年以上にわたる気温の記録が残されました。これを見ると一九六〇年以降、急激な温度上昇が起こっているのがわかります。一〇〇年間の上昇に換算すると二・五度の上昇です。これは地球の平均値の五倍にあたります。なぜこれほどまで上昇したか、まだ原因は解明されていません。

こうした急激な温暖化の影響で、シベリアでは毎年夏に森林火災が多発しています。たき火の不始末やタバコのポイ捨てなど、火災の原因の七〇パーセントは人的行為によるものです。

私もあわや火災を起こしそうになったことがありました。タイガで凍土の調査をしているとき、腰に下げた蚊取り線香を気づかないまま下に落としてしまっていたのです。ふと気がついて振り返ると、下草から煙と炎がもくもくと上がっており、慌てて消火しました。シベリアでの森林火災の発生箇所《かしょ》分布を見ると、やはり人の訪れる道路沿いや川沿いに集中しています。

自然に起こる森林火災の原因のほとんどは、落雷《らくらい》によるものです。日本の場合、夏の暑い日に上昇気流で積乱雲が発生し落雷が起こりますが、同時に土砂降りの雨が降ります。ですから火災は起こりにくいわけです。

シベリアでも大気が乾燥して上昇気流で積乱雲が形成され、氷の粒が衝突《しょうとつ》して帯電《たいでん》し落雷が起こります。氷の粒は結合しながら下降しますが、大気が乾燥しすぎているために、途中で蒸発してしまい、地上に雨粒として落下しません。つまり落雷だけが起こるカラ雷雨になるのです。このように、夏の季節のタイガはとても乾燥しているため、落雷で容易に森林火災が発生するのです。

図13は北海道大学で受信したヤクーツク周辺の衛星画像です。温度の情報から火災箇所を赤く示しています。画像の範囲は三〇〇キロ平方メートルです。

シベリアでは、北海道と同じ面積（八〇〇万ヘクタール）が焼失したこともあります。火災によってタイガが焼失すると、大量の二酸化炭素が大気に放出され、これがさらなる温暖化を促《うなが》すという悪循環《あくじゅんかん》が起こっています。

温暖化の影響で、ツンドラ地域では海岸線沿いに永久凍土の大規模な融解が起こっています。

私は日本とロシアとの共同研究で一九九三年と一九九四年に東シベリア海

図 13　ヤクーツク周辺の衛星画像。赤い箇所から煙が出ているところは火災を示す

のボリショイ・リャホフスキー島南部海岸で永久凍土の調査を実施しました。それぞれの年の永久凍土の露出状況を比較すると、永久凍土の融解が著《いちじる》しいことがよくわかります（図14）。

この二枚の写真は同じ地点で撮影されています。一年間の間に高さ四〇メートルの崖が約四・五メートルも融解で後退していました。こうした永久凍土の大規模融解で、過去の生物や、凍土中に埋まっていたマンモスの牙や骨格が次々に露出しているのです（図15、16）。

この永久凍土の調査中に、無人島のボリショイ・リャホフスキー島で怪しい人々に出会いました。浅瀬《あさせ》でも航行可能な手作りのプロペラ船を操り、凍土の融解した跡をパトロールしています。そしてマンモスの牙を発見すると、拾い上げて集めています。さしずめ、現代版マンモスハンターというべき人々でしょうか（図17）。

マンモスの牙は、現代でも日本や中国へ輸出されており、高値で取引されます。亀裂《きれつ》などが少ない上等なものであれば、一キログラムあたり約一〇万円で売却できます。ロシアにはマンモス公団という管理団体があり、国家が

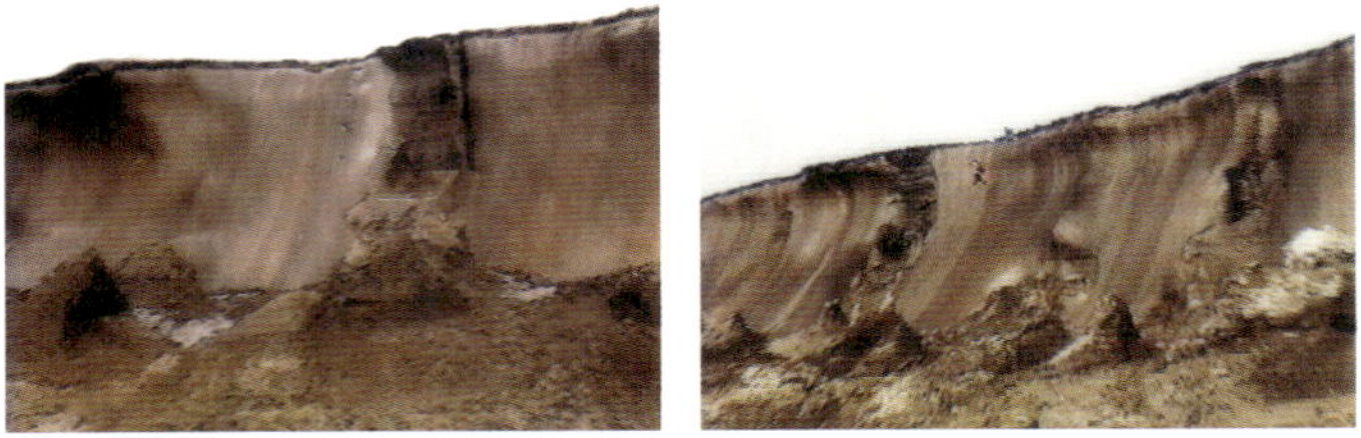

図 14 | 同じ場所で撮影した永久凍土の露出状況の変化。1 年間で著しい融解が見られる

図 15 | 海岸に転がったマンモスの牙

図16｜永久凍土に突き刺さったマンモスの牙

一元《いちげん》的《てき》にマンモスの牙を管理しています。しかし、シベリアではより高値で取引される密売も多く、中国や日本に無許可で持ち出されているものもあります。ワシントン条約で、アフリカゾウの象牙の輸出入は禁止されているため、その対象から除外されているマンモスの牙は貴重で、日本でも印鑑の材料として高値で取引されるのです。当時、ロシアから北海道にやってきた船員たちが、違法に持ち出したマンモスの牙で大儲《おおもう》けし、日本の中古車を買って帰った話をよく聞いたものです。日本においてロシア製の拳銃《けんじゅう》の密輸入は重罪ですが、マンモスの牙は日本に持ち込んでも罪にはなりません。

そして私も、牙ではなくマンモスの脚を発見してしまいました（図18）。

図 17　写真上：海岸をパトロールするマンモスハンター　写真下：ホースで水をかけて永久凍土を溶かしているところ

発見したマンモスの牙を高々と掲げる。

一九九三年、ボリショイ・リャホスキー島での調査中のことです。ジモヨ川沿いをモスクワ大学の学生と二人で歩いていると、融解しかかった凍土の中に、マンモスの下顎《したあご》と歯が見えました。毛の付着した皮膚が露出しているのもわかりました。夕闇が迫ったので、その日に掘り出すのは諦め、いったん野営地に引き上げることにしました。

翌日、応援のメンバー五名で、融解しかけたどろどろの凍土の周辺をていねいに掘ってゆくと、やがて腐っていない、つまり凍結状態のマンモスの脚が現れたのです。

このマンモスの皮膚を日本に持ち帰り、放射性炭素同位体《ほうしゃせいたんそどういたい》による年代測定を行ったところ、二七〇〇〇年前のものだとわかりました。この測定法については、のちほど説明することにします。また、皮膚を覆う毛も日本に持ち帰って洗ったところ、やや濃いながら金髪に近い色合いの毛が姿を現しました(図19)。長さは三〇センチメートルほどあり、まさに名前どおりのケナガマンモスの毛でした。

皮膚上の毛の構造は、保温のための長い毛と短い毛の二層構造になってい

図 18 ｜ 私が 1993 年に発掘した、凍結状態のマンモスの脚

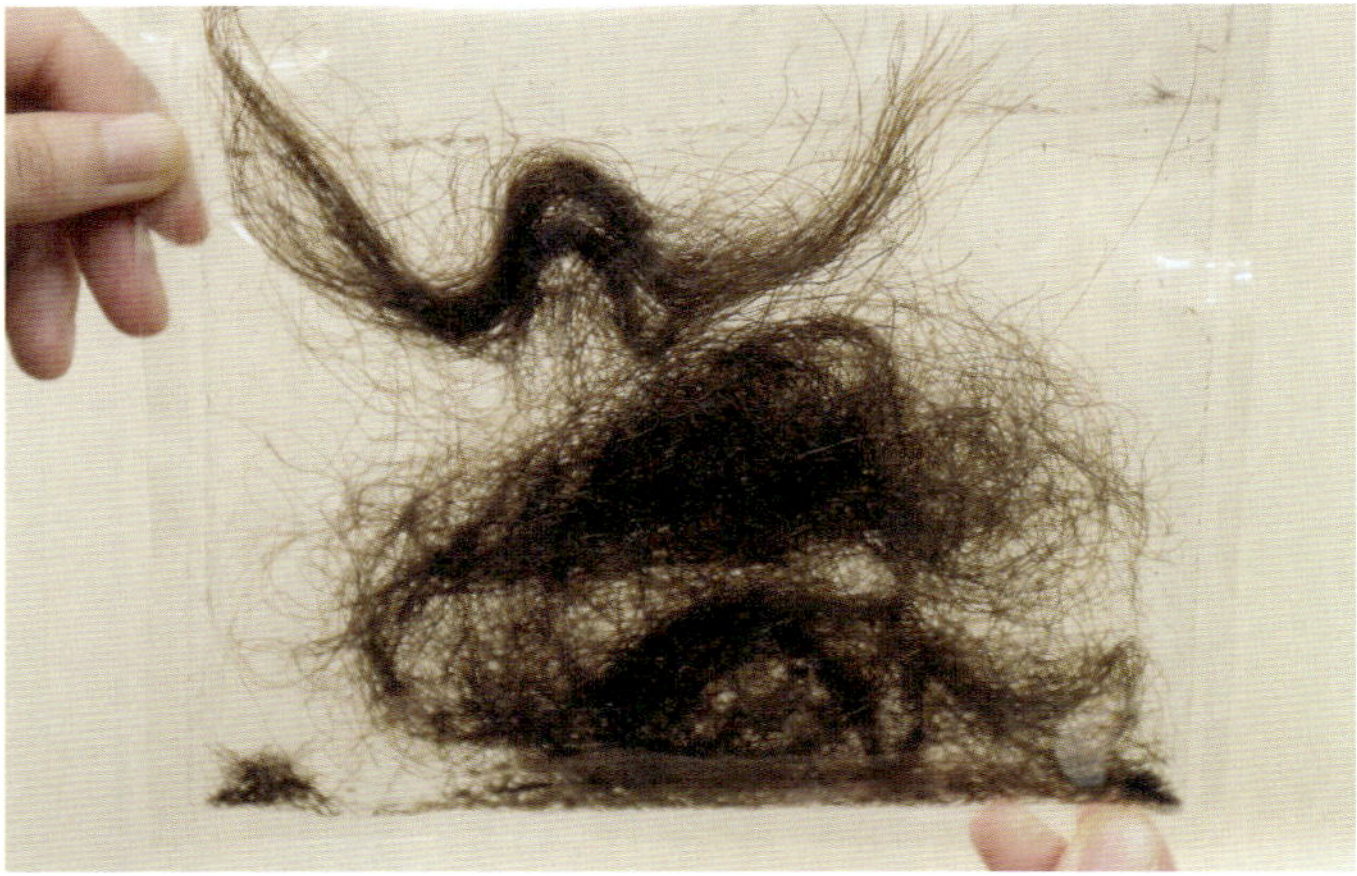

図 19　ケナガマンモスの長い毛。短い毛との二層構造になっている
（写真提供：北海道大学総合博物館）

図 20　1967 年にアラスカの金鉱山で見つかったバイソン「ブルーベイブ」
（写真提供：アラスカ大学博物館）

ます。短い毛は雪が付着しないためのものです。

永久凍土から発掘される生き物はマンモスだけではなく、また、発掘されるのはシベリアからだけでもありません。永久凍土はアラスカや極地カナダにも分布していますが、やはり凍土の融解が起きたときに、さまざまな生き物が発掘されています。

アラスカ大学博物館には、ブルーベイブ（青い赤ちゃん）と名付けられたバイソンが展示されています（図20）。一九七六年にアラスカの金鉱山で偶然に掘り出され、凍結状態だったため保存が大変良いものです。年代測定で三六〇〇〇年前のものだと判明しました。

このバイソンは、融解させたあと保存処理をして剥製化《はくせいか》し、展示されています。ちなみに、青い赤ちゃんという名前は、金鉱山で発掘した際に、バイソンの皮膚に付着していた藍鉄鉱《らんてっこう》に由来しています。

カナダのユーコン準州《じゅんしゅう》では、マンモスよりも前にこの地域に生息していたアメリカマストドンの象牙や全身骨格が発掘されています。また、最終氷期に生息していた小型化した馬も発掘されています。

シベリアにマンモスがいた頃

マンモスの祖先はアフリカからヨーロッパを経由し、四〇〇万年前頃にユーラシア大陸に移動してきました。従来の考えでは、彼らは地球全体の寒冷化した最終氷期（二万年前頃）に一〇〇メートル以上海面が低下してシベリアとアラスカが陸続きとなった「ベーリンジア」という地域に生息していたとされています。ベーリンジアはマンモスステップと呼ばれる草原で覆われ、生息条件に適していたと考えられていました。

しかし、私は、ステップは二万年前の極北シベリアには存在していなかったと考えています。そうすると、当然そこにマンモスもいなかったはずです。シベリアでマンモスの発掘された場所とその放射性炭素測定による年代をまとめて地図に示してみましょう（図21）。

測定結果を見ると、極北シベリアでは最終氷期にはマンモスは生息せず、

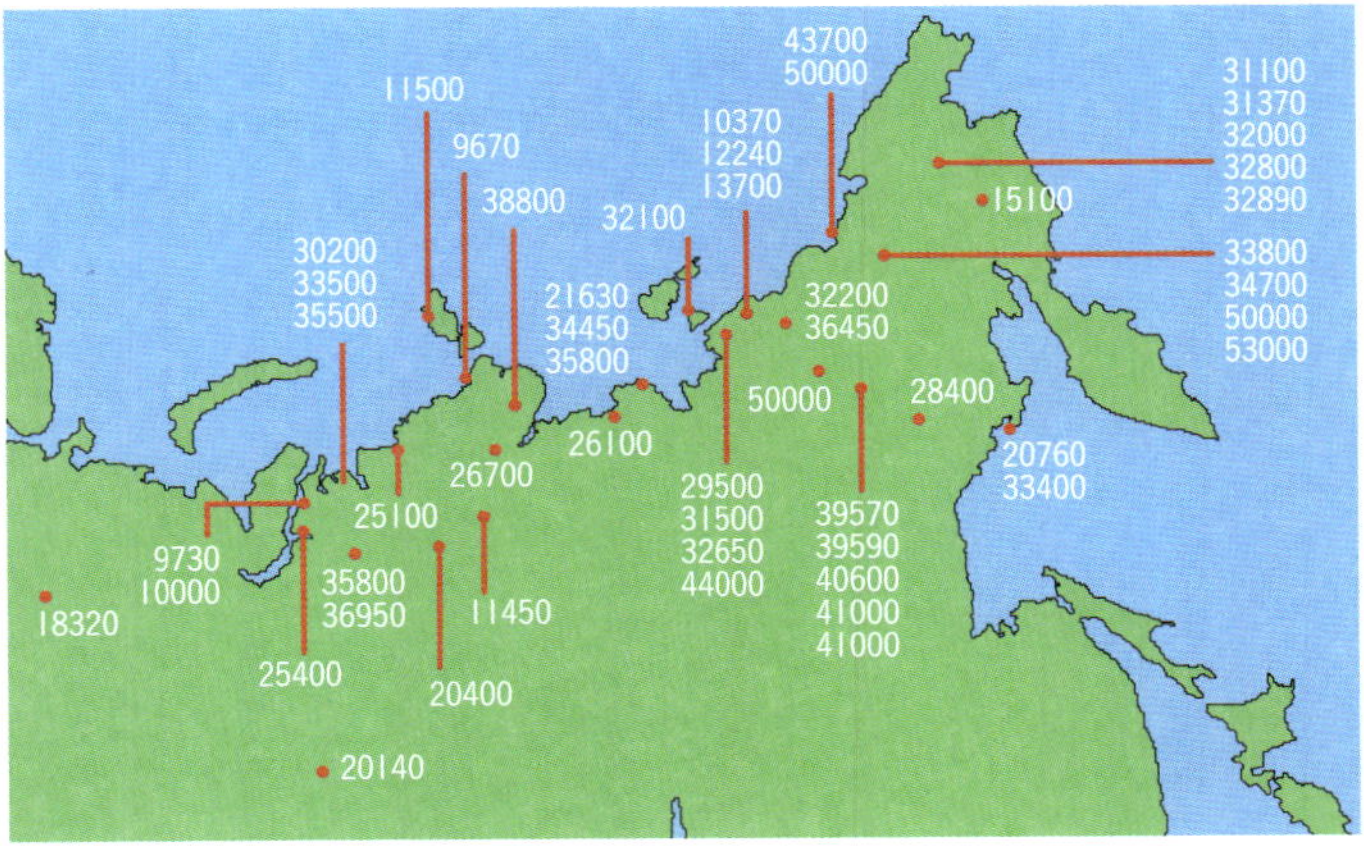

図21　シベリアでマンモスの発掘された場所とその放射性年代測定による年代。数値の誤差は省いた

三万年前以前か、一万年前より少し前に生息していたことになります。いったいこれは何を意味しているのでしょうか。また一万年前にはマンモスはいなくなっています。つまり、マンモスは一万年前頃に忽然《こつぜん》と姿を消したように見えるのです。

最終氷期のシベリアの古環境

過去の古環境《こかんきょう》を復元するには温度や植生の記録を用います。温度の復元は、氷河から採取した氷のサンプルを分析することで推定可能です。

北半球にあるグリーンランド氷床（大陸規模の大きい氷河）の厚さは二〇〇〇メートルにもなります。積雪が圧密《あつみつ》され氷化しますが、季節ごとの堆積の差がある上に夏には表面が融解するため、年輪のように氷に年層《ねんそう》が残されます（図22）。ボーリングで採取した氷のコアサンプルからこの年層《ねんそう》を数えることで、約一〇万年前までの記録がたどれます。ところどころ黒く汚れた層がありますが、これは世界各地での火山噴火でもたらされた火山灰です。その噴火年代がわかれば、氷の堆積年代を正確に決定できます。

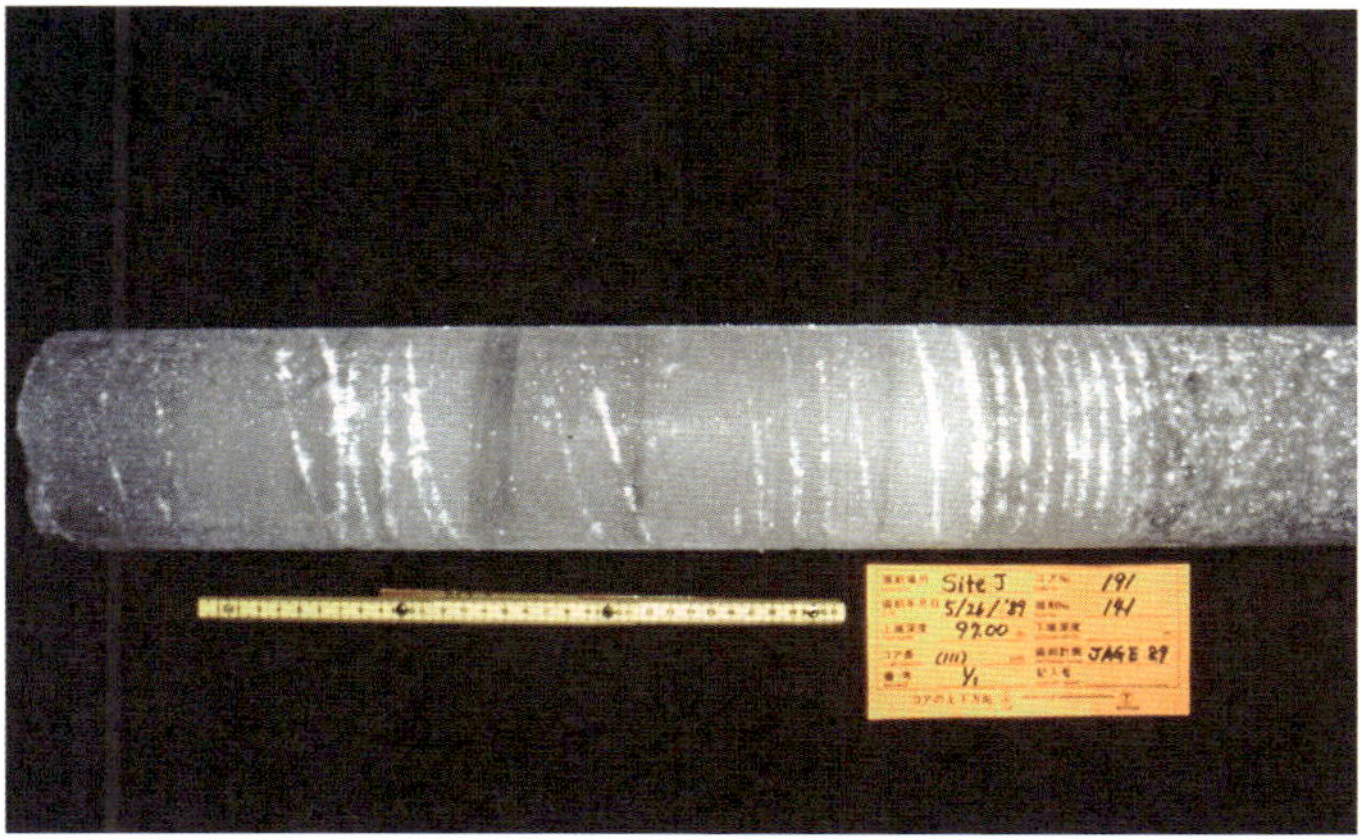

図 22 ｜ グリーンランド氷床から採取した氷のコアサンプル

そして、採取した氷を構成する水にわずかに含まれる酸素の同位体^{18}Oの濃度を分析することで、過去の気温がわかります。大気中で水蒸気から雪結晶が形成される際、周辺の温度によって結晶に取り込まれる^{18}Oの量は変化します。

つまり^{18}Oの濃度は温度の指標となるのです（図23）。縦軸の濃度の単位はパーミル（一〇〇〇分の一）で、氷結晶の酸素同位体濃度マイナス四〇パーミルであれば上空の年平均気温はマイナス四〇度と推定されます。図24は、過去四万年前〜一万年前までの氷コアから読み取られた変動の記録です。

図を見ると、時間軸で一万五千年前に急激に温度が上昇しています。ここが最終氷期の終わりです。シベリアでは一万五〇〇〇年前〜二万二〇〇〇年前の期間が最寒期で、これをサルタン氷期と呼んでいます。積雪量も減少しました。二万二千年前〜約四万年前までの期間は、温度は周期的に変動しています。やや温暖な時期は、氷期の中の温暖期（カルギンスキー亜間氷期《あかんぴょうき》）です。この図から二万年前のシベリアは寒く、そして乾燥していたことがわかります。

マンモスの生息条件に一番影響する植生はどのようになっていたのでしょ

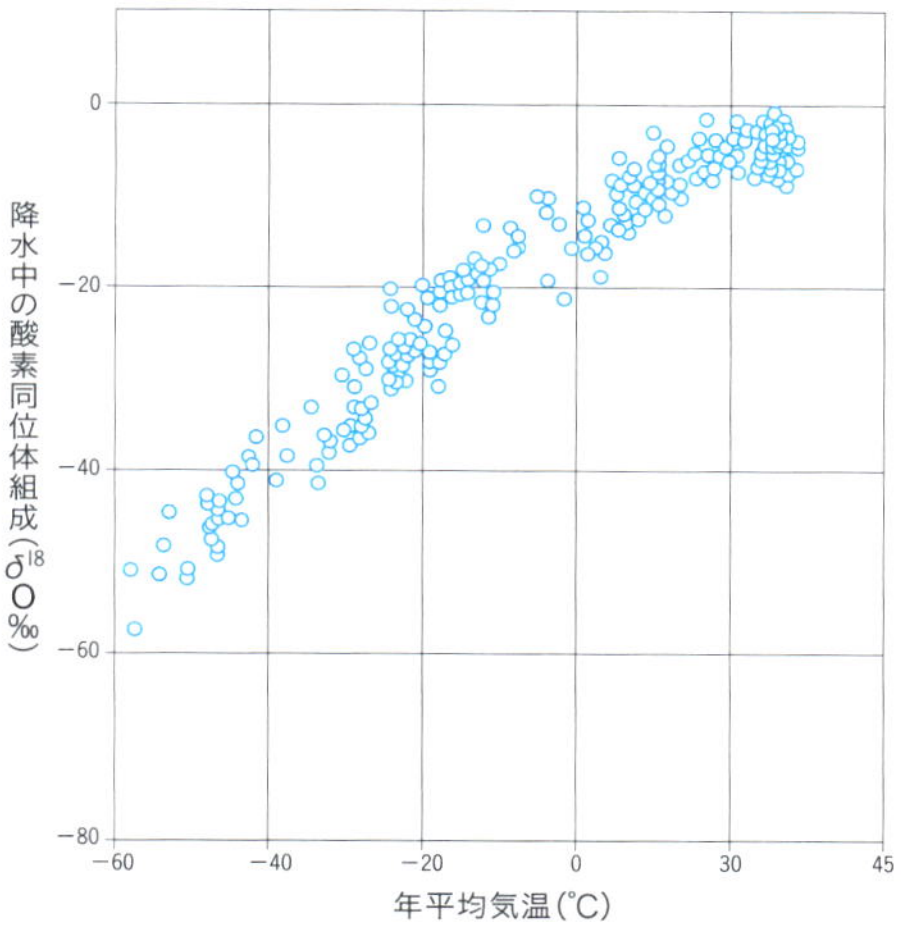

図23｜降水中の酸素同位体組成

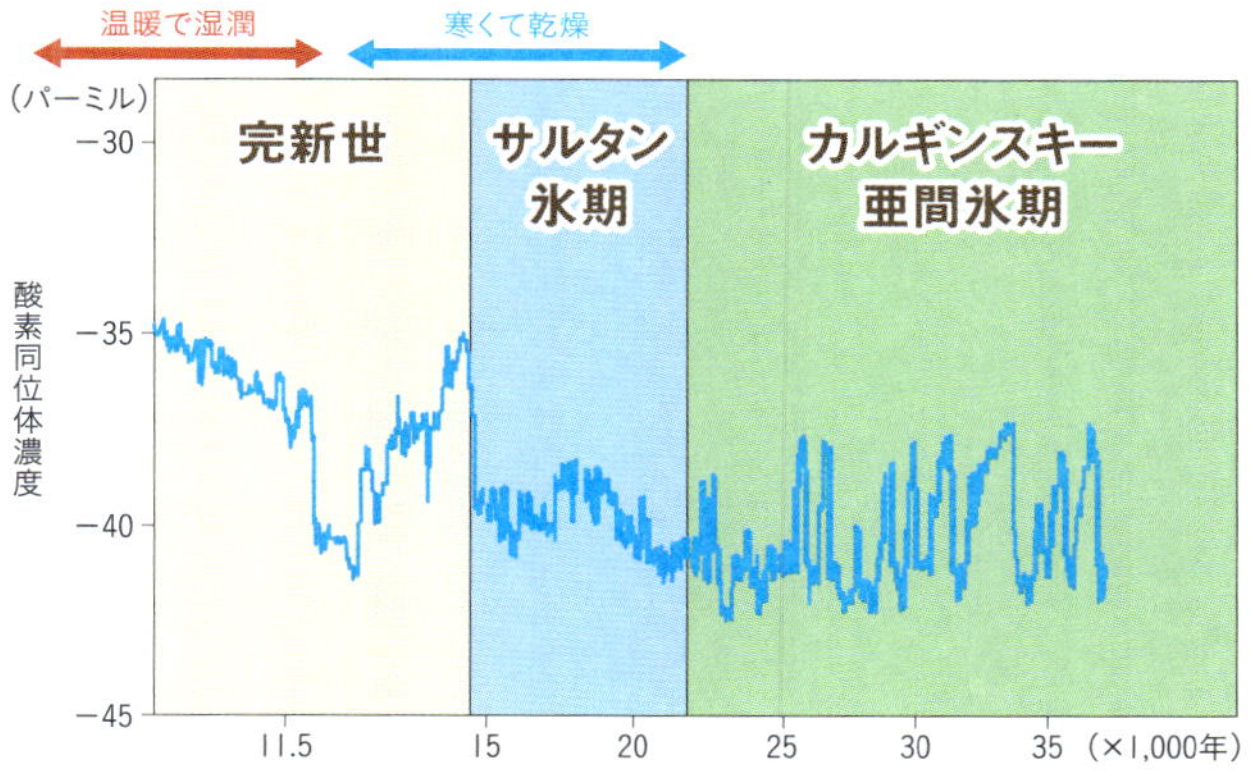

図24｜過去４万年前〜１万年前までの氷コアから読み取られた変動の記録

うか。これは、堆積物中に含まれる花粉を分析することで当時の植生が復元できます。植物の花粉は表面をケイ酸の殻《から》で覆われているために腐《くさ》りにくくなっています。そこで堆積物に残されている花粉の示す植物の種類や出現量から周辺の植生が再現できるのです。

図25は、堆積物から出現した花粉の顕微鏡《けんびきょう》写真です。花粉の分析結果に基づく極北シベリアの植生分布を図26に示します。極度に寒冷で乾燥していると、植物は生育せず極地砂漠《きょくちさばく》となります。砂漠は降水が少ないという条件だけでなく、寒冷すぎても砂漠になるのです。現在の南極には氷床の覆わない地域の極地砂漠があります（図27）。また、北緯七五度の北極海に浮かぶノバヤ・シビリ島では、草は寒さを防ぐためにボール状にかたまるクッションプラント（図28）になっています。寒冷ツンドラでも地表の植生は乏しく、とても大食漢《たいしょくかん》のマンモスの胃袋を満たすだけの草は茂っていませんでした。

結論として、極北シベリアには二万年前の最寒冷期には、従来言われていたマンモスステップは存在せず、マンモスも生息していなかったと思われます。寒さを逃れ、またエサを求めてマンモスは南下したのです（図29）。南下した

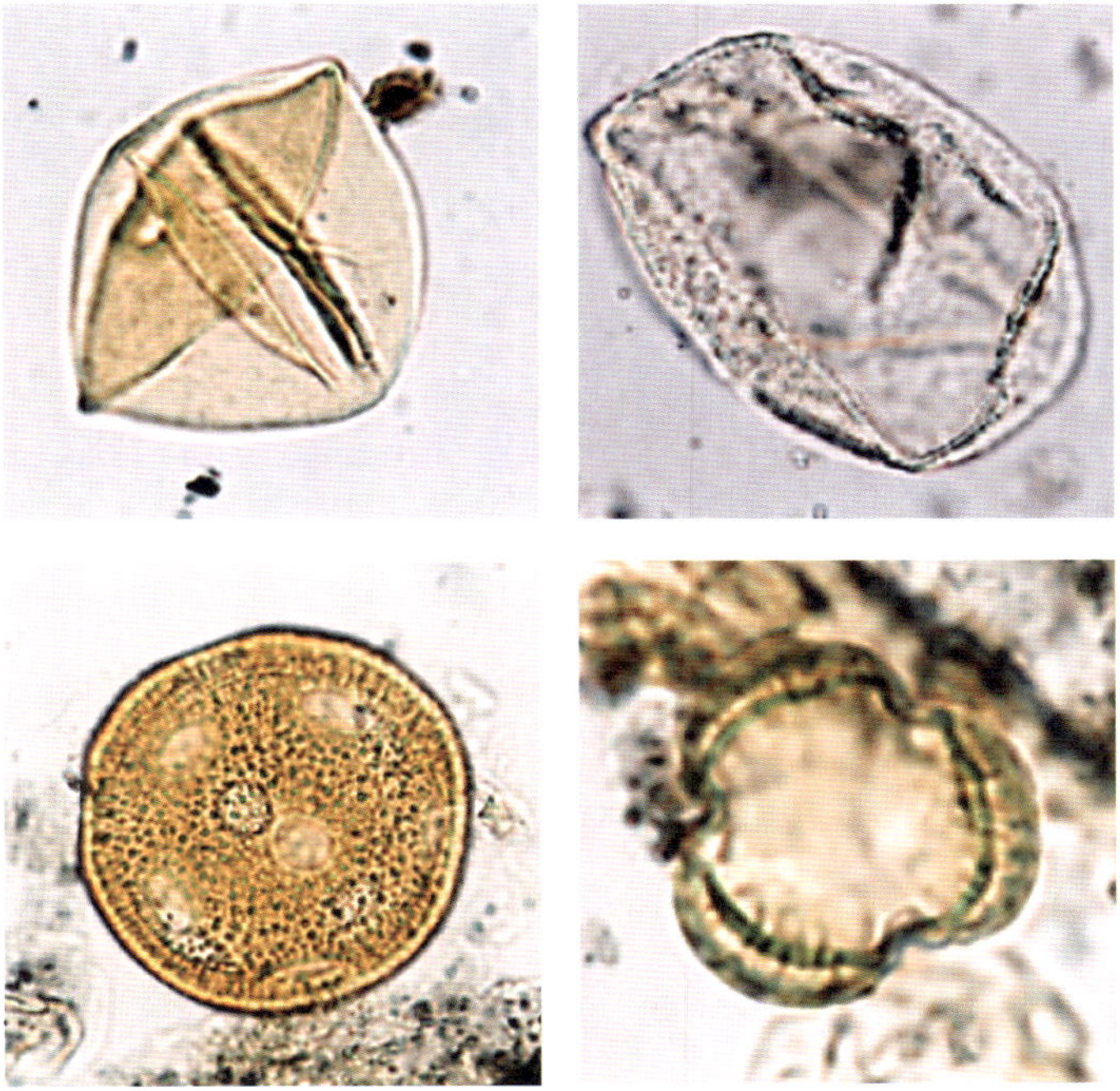

図25　堆積物から出現した花粉の顕微鏡写真
左上：イネ科　左下：ナデシコ科　右上：スゲ科　右下：ヨモギ科
（写真提供：五十嵐八枝子）

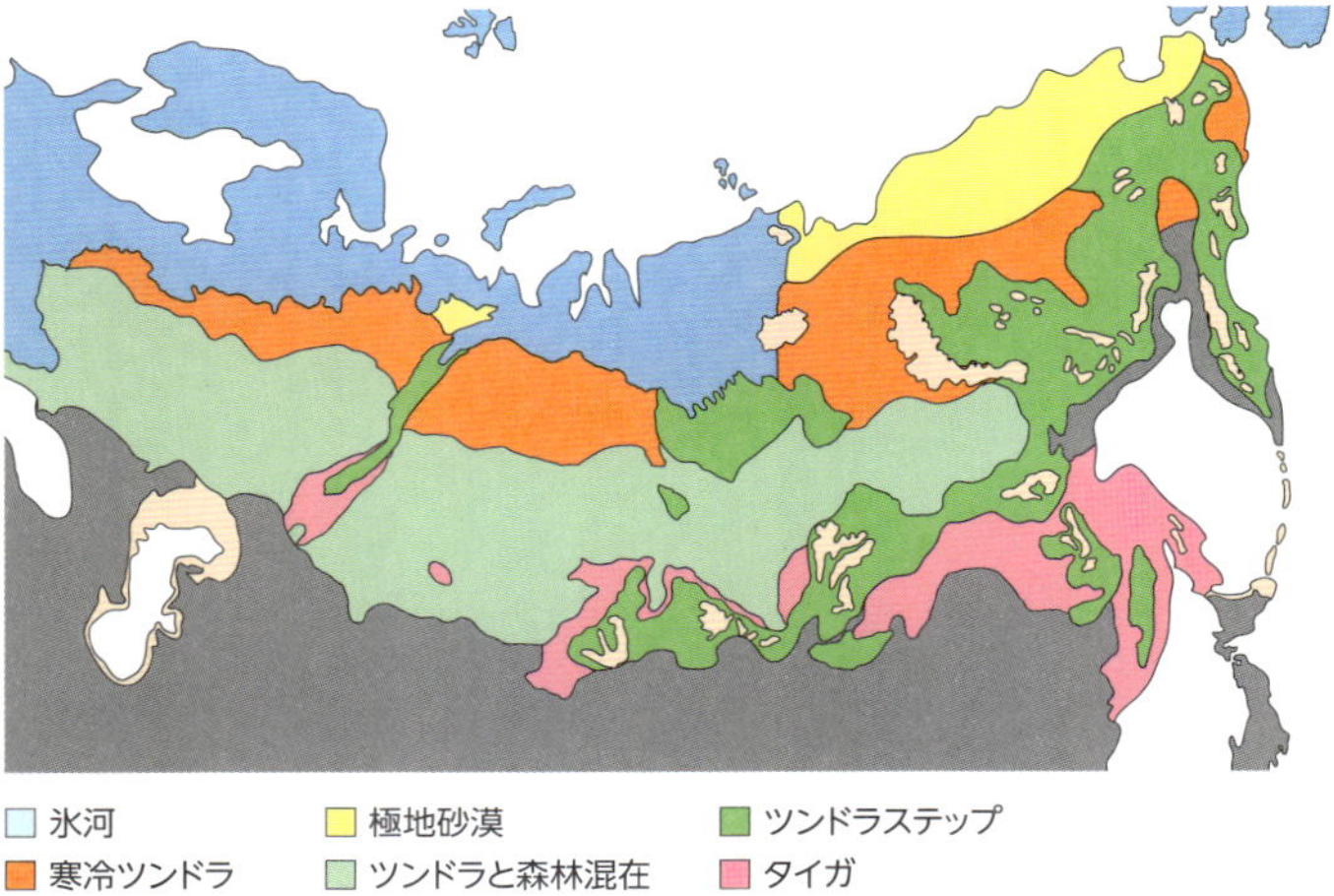

図 26 ｜ 最終氷期の植生分布

図27 ｜ 南極の極地砂漠

図28 ｜ クッションプラント。草が寒さを防ぐためにボール状に固まっている

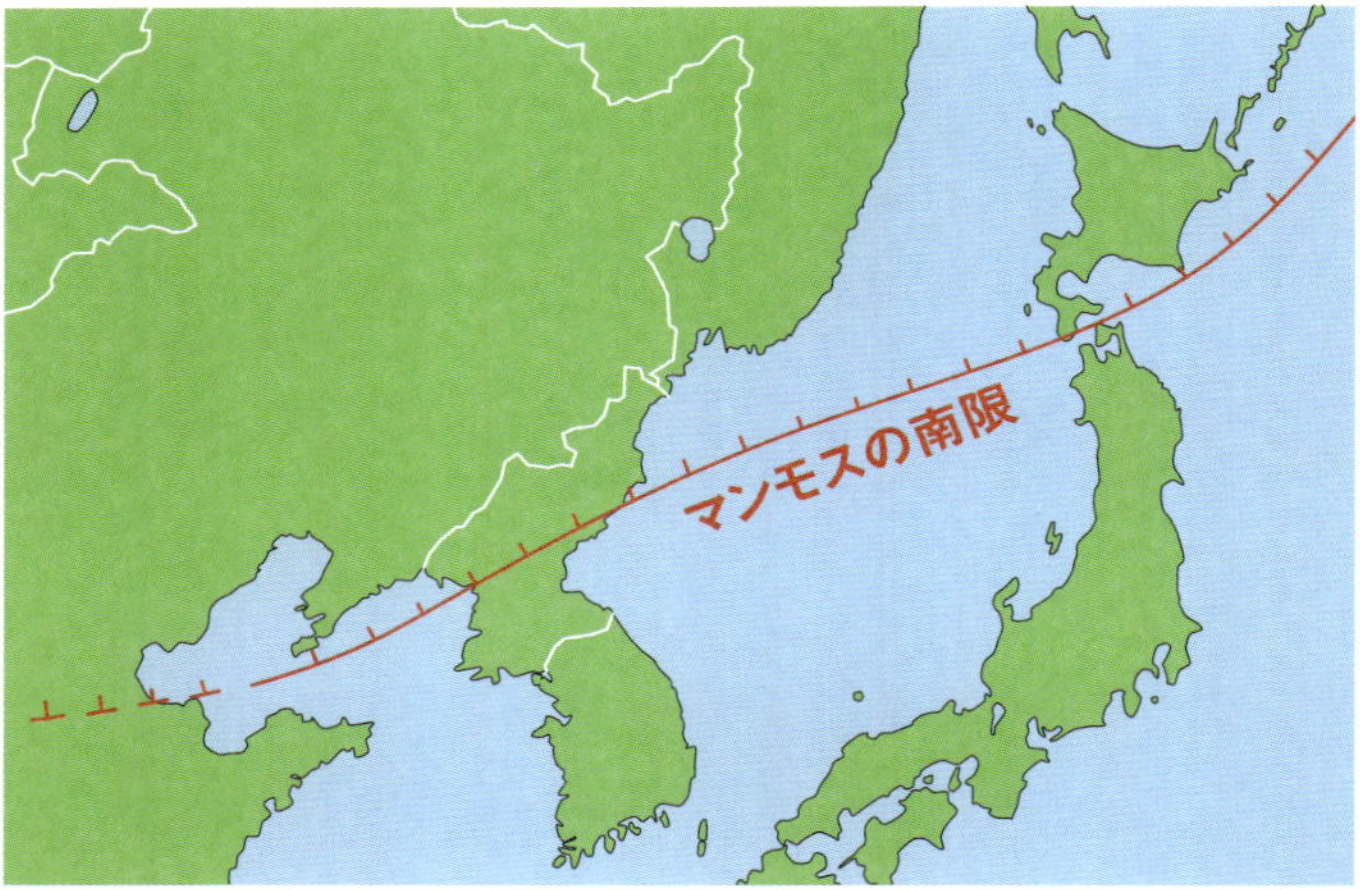

図 29 ｜ 南進したマンモスの経路

マンモスの化石は中国東北部や北海道でも発見されています。

ユカギルマンモスの矛盾

二〇〇五年の愛知万博では、凍結保存されたマンモスの頭部「ユカギルマンモス」が展示され注目を集めました。万博中に開催されたマンモス絶滅シンポジウムでは、ユカギルマンモスの炭素同位体年代が一万八五一〇年前と報告されました。しかし、ユカギルマンモスが発見された場所はシベリアのインディギルガ川河口です。これは、明らかに従来の事例と矛盾します。

私はシンポジウムで座長を務めていたのですが、この点が議論の争点となりました。まず年代測定の誤りが疑われました。しかし測定を担当したのは名古屋大学のグループで、信頼するに十分な実績があります。ロシアの研究者は、発見された場所に限定的にバイオマス（エサとなる草）が豊かであったと主張しました。しかし花粉分析ではその根拠《こんきょ》が示されていません。なぜユカギルマンモスだけが極北シベリアに一万八〇〇〇年前に生存していたのでしょうか？

私の見解では、ユカギルマンモスはずっと川の上流に生息していて、遺体が川に流されて現地に漂着したのではないかと推定しました。したがって、ユカギルマンモスは二万年前の極北シベリアでの断絶を覆すものではないと考えます。

一万四〇〇〇年以降に最終氷期が終了し、温暖化すると植生も回復しマンモスは極北シベリアに戻ってきました。その時期のマンモス分布図を示します（図30）。

また、マンモスハンターの北進の様子を見てみましょう（図31）。極北シベリアでは一万四〇〇〇年前までは、先史モンゴロイド「マンモスハンター」は到達していませんでした。彼らは一万一七〇〇年前には北極海沿岸に到達し、一万一六〇〇年前にはベーリング海峡を渡ってアラスカにまで到達しています。この時期こそマンモス絶滅のタイミングに一致しており、先史モンゴロイドの過剰狩猟（オーバーキル）が絶滅の原因とする根拠なのです。

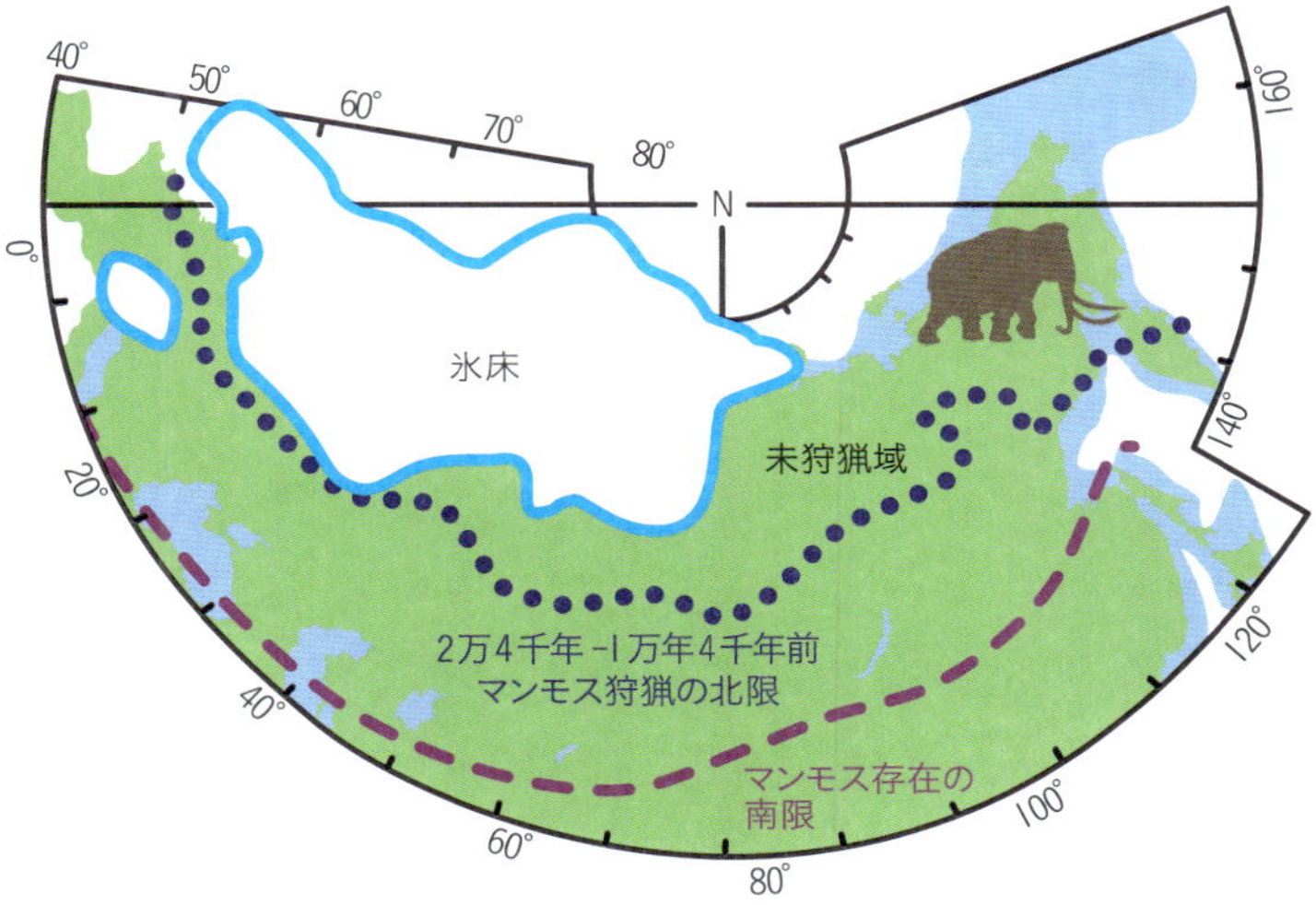

図30｜最終氷期終了後のマンモスの分布図

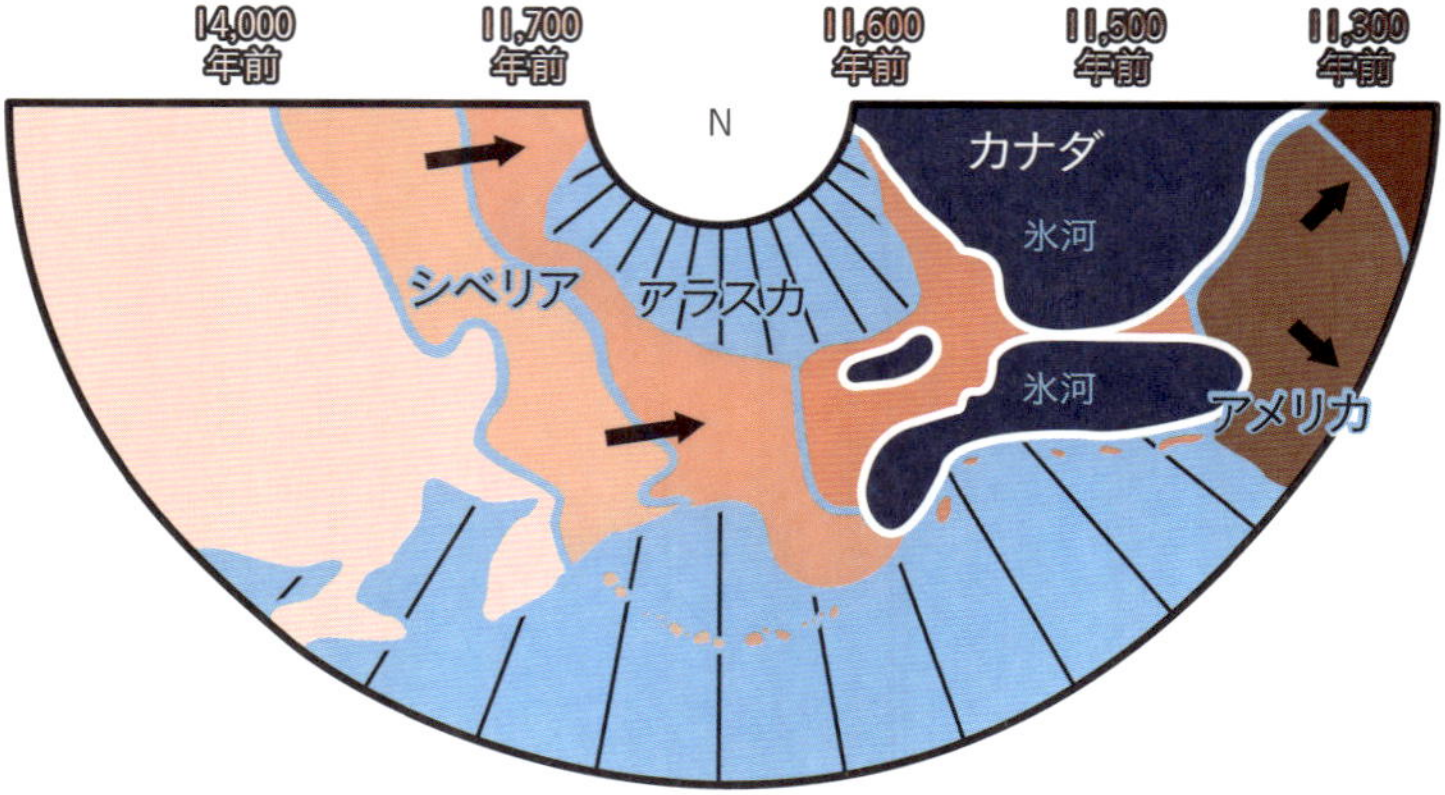

図 31 ｜ 先史モンゴロイドの北進の様子

放射性炭素年代測定

　放射性炭素年代測定は、過去の生物の遺骸《いがい》などから、それらの年代を決定する方法の一つです。私たちが発見したマンモスの脚もこの方法で二七〇〇〇年前と推定しました。自然界には原子番号が異なる^{12}C、^{13}C、^{14}Cの炭素が存在します。^{12}Cと^{13}Cは存在量が変化しない安定同位体《あんていどういたい》です。^{14}Cは大気の上層で降り注ぐ宇宙線《うちゅうせん》に起因する中性子《ちゅうせいし》が窒素原子《ちっそげんし》に衝突して生成されます。その後、一定の速度で放射線の一種であるベータ線を放射しながら崩壊《ほうかい》で減少します。元の半分まで減少する時間を半減期《はんげんき》と呼びます。半減期は五七三〇年です。試料に残された^{14}Cが半分になっていたら、その生物は五七三〇年前と判定されます（図32）。

　では、どのようにして試料に残された^{14}Cの量が測定できるのでしょうか。^{14}Cが核崩壊《かくほうかい》する際のベータ線の放出量は残されている^{14}Cの量に比例します。ベータ線の強度を測定することで残されている^{14}Cの量を測定できます。また、加速器《かそくき》で炭素イオンを加速して試料の炭素に衝突させ、バラバラにして^{14}Cの存在量を計る方法もあります。ただしこの場合、必要とされる試料

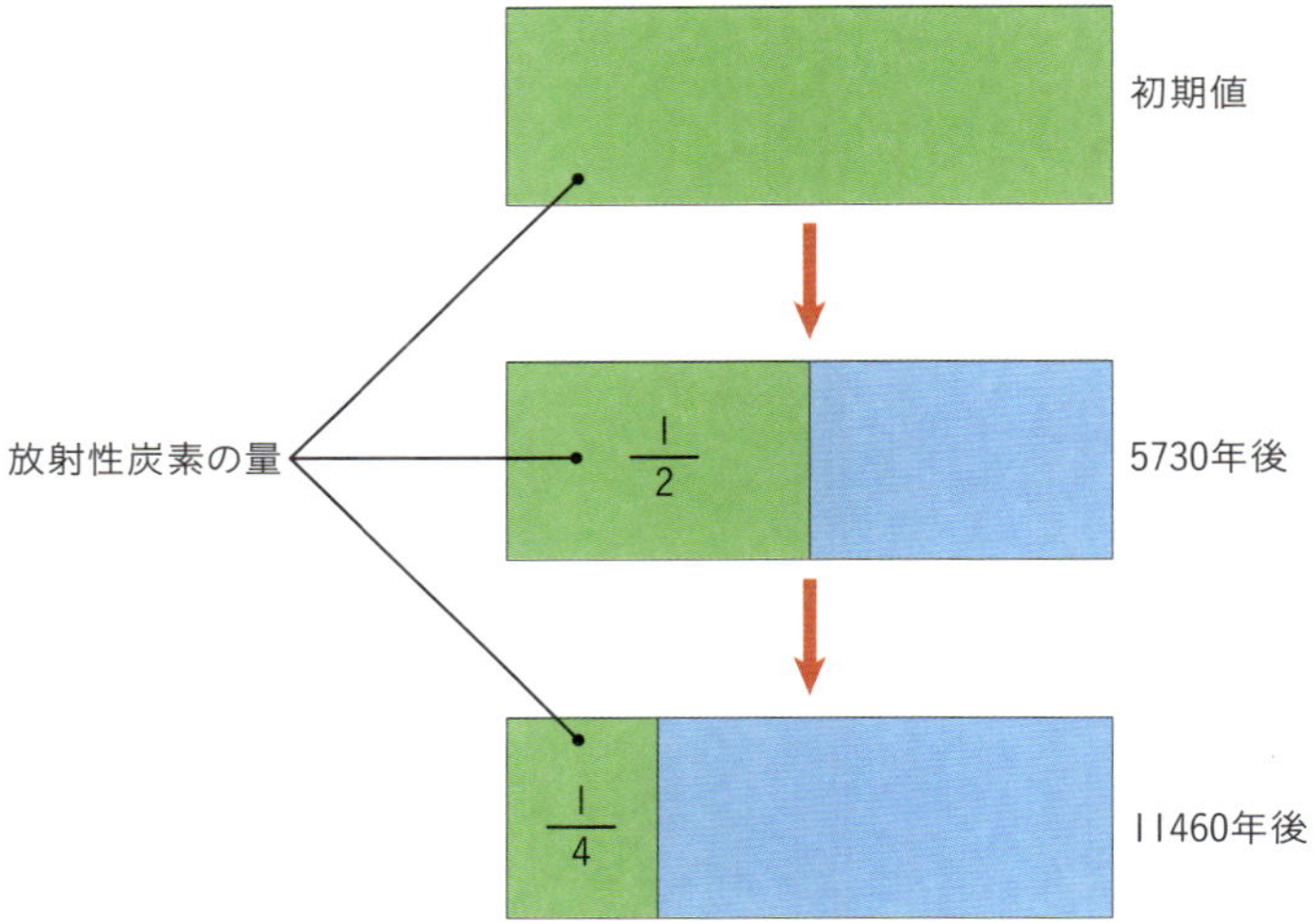

図 32 ｜ 放射性炭素年代測定

は二ミリグラム程度の微量ですみますが、装置は大がかりになります。測定可能な年代はベータ線計測の場合は三万年~四万年で、加速器式の場合には四万年から五万年です。

この炭素同位体で測定する年代には基点《きてん》があります。暦年代《れきねんだい》はＢＣとＡＤのようにキリスト誕生年が年代の基点です。放射性炭素の年代はＹＢＰとして表します。これはYear before Physicsの略です。基点は一九五〇年です。１０００ＹＢＰの年は一九五〇年から遡《さかのぼ》って一〇〇〇年前という意味です。

どうして一九五〇年が基点の年となったのでしょうか。それはアメリカとソビエトの核兵器開発による大気圏内《たいきけんない》での核実験が原因です。自然条件下では、宇宙空間から降り注ぐ宇宙線でほぼ一定の割合で^{14}Cが生成されていました。しかし核実験で大量の放射線照射で余分な^{14}Cが生成されたため、場所や時間でその濃度が異なり、濃度を測定しても過去に遡って年代測定ができなくなったのです。

ケナガマンモスの拡散

四〇万年前にステップマンモスから進化し、寒冷環境に適応したケナガマンモスは、広大なシベリアに拡散しました。しかし、氷期《ひょうき》から間氷期《かんぴょうき》サイクルの気候変動が起こると、植生も連動して変化したため、エサを求めてケナガマンモスは移動と拡散を続けていきます。

まずは東への移動です。一〇万年前にはシベリアからアラスカに渡っています。シベリア東部には内陸に山脈があるため、山脈を北へ迂回《うかい》していきます(図33)。

コリマ川右岸側には山地が広がり、平地が少なく、マンモスが暮らすにはあまり適していません。そこでケナガマンモスが東進するには、まず北に向かい海岸沿いに移動したと考えられます。そこは、最終氷期《さいしゅうひょうき》(二万年前)には海面が一〇〇メートル以上低下したため、大陸棚《たいりくだな》が露出してベーリンジアと

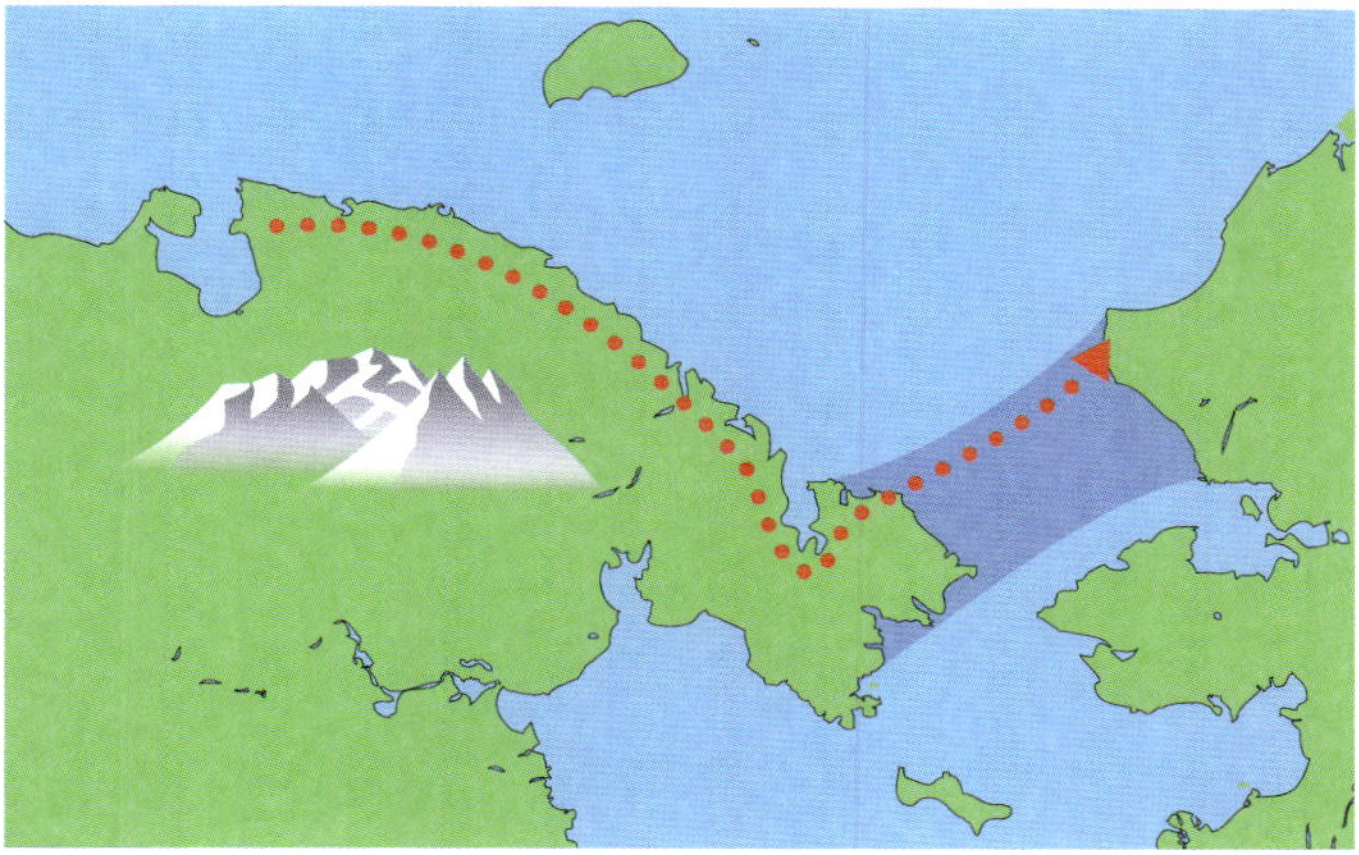

図 33｜ケナガマンモスの拡散

いう広い大地になっていました。従来は、そこにマンモスの好む草が生えるマンモスステップがあり、マンモスが拡散したと考えられていました。しかし、発掘されたマンモスの年代分布図や植生復元図などから、ベーリンジアはマンモスステップで覆われていなかったと考えられます。そこで、マンモスの東進は亜間氷期に海岸沿いに行われたことになります。年代としては二〇万～一〇万年がもっとも妥当なタイミングです。

やがてマンモスはベーリング海峡を渡り、アラスカに到達します。当時のアラスカは南にはアラスカ山脈を覆う氷河、北はブルックス山脈の氷河に周辺を囲まれていました。中央部のフェアバンクス低地（フェアバンクス盆地）は、マンモスの好む草が生えていました。ただシベリア北部にくらべると面積は狭いため、バイオマスを想定するなら、その数はあまり多くはなかったと思われます。マンモスはさらに南下してカナダのユーコン川の源流域《げんりゅういき》に到達しました。

二万年前の最終氷期には、北東のローレンタイド氷床と南西の海岸付近のコルディエラ氷床が合体し、アラスカは閉じられた状態になります。

マンモスを追って、一万一六〇〇年前頃から先史モンゴロイドは北極海沿岸に到達し、さらに東進してアラスカ側に入ります。シベリア東部に起源を持つ独特の細石刃技法《さいせきじん》の旧石器《きゅうせっき》が、今の先史モンゴロイドの移動経路沿いに発見されています。

アラスカのブルックス山脈の北側ノーススロープの二か所でも細石刃の石器が発見されました（図34）。年代測定の結果、一万一六〇〇年前のものであることがわかり、シベリアから東進してアラスカへ到達したという予想通りでした。氷床で南下の出口は遮断《しゃだん》されていましたが、一万四〇〇〇年前になると二つの氷床は後退し始め、細長く伸びる無氷のルート「無氷回廊《むひょうかいろう》」が生まれました。

この無氷回廊を通って、先史モンゴロイドは一気に北アメリカに移住・拡散しました（図35）。つまり、まずケナガマンモスが北極海沿岸沿いにシベリアからアラスカに渡り、それを追うように先史モンゴロイドもアラスカ経由で北アメリカへ移住・拡散していったということです。

彼らは、移動経路沿いでも発見されている細石刃という特徴的な石器を持

図34｜アラスカのノーススロープで細石刃の発見された場所

って移動していました。石核《せっかく》と呼ばれる石器（図36）を剥《は》がし取る石の塊《かたまり》を打法や骨などで押し出す方法で、角から順番に剥ぎ取って、薄い石器の破片を取り出します。これが細石刃になります（図37）。石核となる岩石には剥がれやすく、また剥ぎ取った石片が鋭くなりやすい黒曜《こくよう》石《せき》が利用されます。北海道の遠軽町《えんがるちょう》白滝《しらたき》では、この黒曜石が産出されます。白滝から持ち込まれた石核がサハリン北部の対岸のシベリアで発見された例もあり、旧石器時代に広域での交易活動があったことがうかがえます。

　図38は骨でなく木製の棒を使用していますが、長さおよそ三〇センチメートルほどの両刃《りょうば》の剣です。もし使用中に細石刃の何枚かが欠けたり、欠落した場合には、新しい細石刃をそこに差し込みます。いわば替え刃のような機能を持っているのです。鋭敏《えいびん》で強力な武器でもあり、獲物の捕獲には欠かせないものでした。この細石刃の技法を使った旧石器は、シベリア東部から東へ、そして北海道を経由して日本に渡って来ました。

　ケナガマンモスの南進は氷期の間に数回発生しています。氷期中で特に寒冷な時期（亜氷期）には、北では植生が乏《とぼ》しくなりケナガマンモスは南に移動

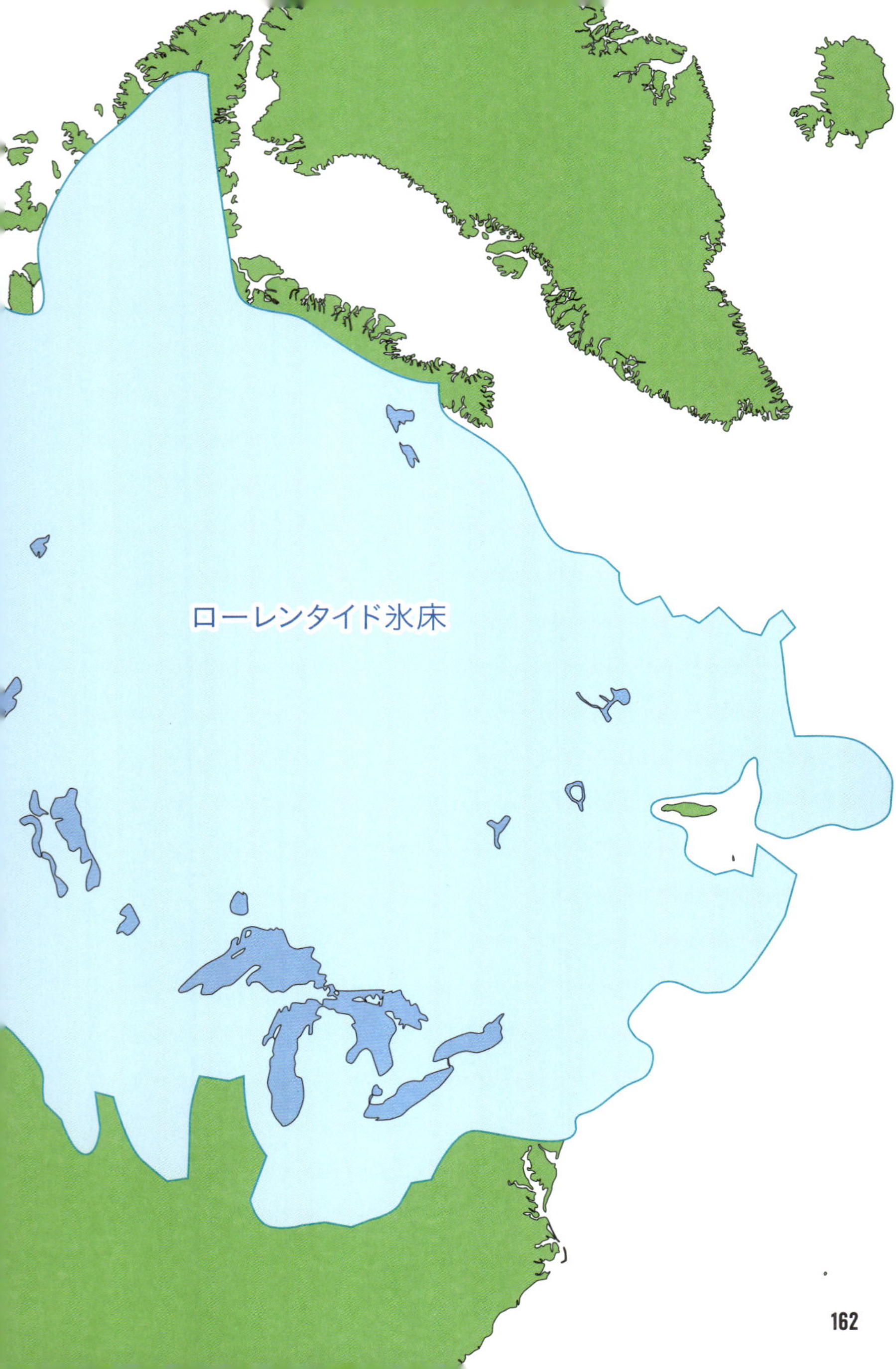
ローレンタイド氷床

図35　先史モンゴロイドがたどった「無氷回廊」。彼らはここを通って北アメリカへ拡散した

図 36 ｜ 黒曜石でできた石核（撮影協力：北海道博物館）

図37　いろいろな細石刃
（撮影協力：北海道博物館）

図38　細石刃を差し込んだ
両刃の剣
（撮影協力：北海道博物館）

しました。その一群はサハリンを経由して北海道に渡って来ました。北海道の面積を考慮すると、生息していたマンモスはあまり多くはなかったようです。海面が一〇〇メートル低下しても、マンモスは津軽海峡を渡ることはありませんでした。

ではマンモスを追ったハンターたちはいつ北海道に到達したのでしょうか。マンモスハンターは三回の時期に分かれて渡来しています。そして渡来の度により進んだ技法の石器が持ち込まれています。彼らは細石刃だけでなく、石斧《せきふ》やナイフ、そして矢じりなどの石器を使っていました。また石を小さく割り、穴を開けて糸を通す飾り紐を身に着けていました。

さて、先史モンゴロイドはアラスカから無氷回廊を経て北米全体に拡散したと説明しました。無氷回廊ができたのは一万四〇〇〇年前ですから、当然北米や南米で発見される旧石器はそれより新しいはずです。一九七五年に南米チリ南部のモンテベルデで焼けこげた牛の骨が発見されました。周辺のたき火の跡などから、旧人《きゅうじん》の生活の跡と思われました。この焼け跡で採取された炭化物の放射性炭素による年代測定を行ったところ、三万三〇〇〇年前という結果が得られました。明らかに無氷回廊の成立年代と矛盾します。この問題で二〇年間論争が続きました。

一九九七年にこのモンテベルデ遺跡の再調査が実施されました。詳細な土壌断面の調査と新たな炭化試料が得られ、再び年代測定が行われました。その結果、遺跡の年代は一万四八〇〇年前から一万三八〇〇年前であることがわかりました。つまり無氷回廊の成立とは矛盾しない訳です。

つまり、先史モンゴロイドはごく短時間で、アラスカから南米まで到達したことになります。アメリカの人類学者の間では、先史モンゴロイドの電撃《でんげき》作戦《さくせん》と呼ぶほどなのです。

凍土を学ぶにいたる道

私がなぜシベリアやアラスカ、極地カナダでの永久凍土の調査研究をするようになったのかとよく聞かれます。

それは大学と大学院で、寒冷な地域での地形形成を調べたことに始まります。私は日本の特異な地形を探して、最北端の宗谷丘陵《そうやきゅうりょう》にたどり着きました。そこはとても奇妙な地形で、いつどのように形成されたかに興味を持ちました。左ページ図Aがそのなだらかな地形(周氷河《しゅうひょうが》地形《ちけい》)です。

ここは過去の寒冷環境下で岩石が凍結《とうけつ》破砕《はさい》され、なだらかな丘陵が形成されたのです。私は実際に現地で岩石を採取し、低温実験室で凍結—融解の繰り返し実験を行いました。実験施設を借りたのが北海道大学低温科学研究所でした。やがてそこで研究に従事することになりました。

低温科学研究所は一九四二年に北海道大学に設置されました。同研究所には雪氷《せっぴょう》の物理的性質や海氷の形成機構、北海道東部に発生する霧の研究、生

図A ｜ 周氷河地形をした宗谷丘陵

物の耐寒性の研究など、寒冷な条件での現象を研究する目的がありました。創設には雪結晶研究で著名な中谷宇吉郎教授が深く関わりました。大学構内には設立当時の低温実験室の跡地に、人工雪結晶の石碑《せきひ》が置かれています（図B）。

中谷先生は人工雪の研究だけでなく、凍土についての調査研究を旧満州《きゅうまんしゅう》で行いました。地面が凍結すると水分が地中に集積し、地面が隆起《りゅうき》します。これを凍上現象《とうじょうげんしょう》と呼びます。地中に霜柱《しもばしら》ができると想像してみてください。凍上現象が鉄道や道路あるいは建物の基礎《きそ》に作用すると、いろいろ不具合の原因になります。そこで発生を抑制するための研究が必要になりました。

私もこの研究グループに加わり、北海道内の季節凍土についての調査を行っていました。ほとんどの人々は気づかないのですが、北海道では鉄道線路が凍上で浮き上がると、線路と枕木《まくらぎ》の間に木の板を挟んで高さを調整します。

これを挟み木と呼び、冬の間保線《ほせん》作業員は、毎日線路を歩いて調べ、必要箇所には挟み木を挿入しているのです。安全な列車の走行には欠かせない地味で重要な仕事なのです（図C）。

図B ｜ 北海道大学低温科学研究所にある、人工雪結晶の石碑

図C ｜ 凍上で浮き上がった線路に挟み木をして高さを調節する

私は季節凍土の調査研究の過程で、北海道の大雪山《たいせつざん》には、年間を通じて地盤《じばん》が凍結状態の永久凍土があるのではないかと考えました。いよいよ永久凍土の調査の開始です。大雪山の高度一八〇〇メートルの緑岳《みどりだけ》は平らな山頂で冬季も強風で積雪が吹き払われ、寒さが地中に伝わりやすい場所です。私は一九七〇年代に何回も大雪山に登り、ボーリング調査や地中温度計測、電気比抵抗探査から、日本で初めて永久凍土の存在を確認することができました（図D）。このときの永久凍土の推定される深さは四〇メートルでした。

こうなると本格的な永久凍土を直に調べてみたいと思うようになりました。しかし一九八〇年代半ばまではシベリアに外国人が立ち入るのは困難な状況でした。そこでまず行きやすいアラスカと極地カナダに出かけることにしました。

カナダの北西部マッケンジー川のデルタには永久凍土地域に独特な地形が形成されています。その代表格は、ぷっくりと地面が隆起《りゅうき》した丘のピンゴです。このピンゴの形成と成長過程について現地観測を行いました。この盛り上がりの中身は氷の塊です。永久凍土の部分融解と再凍結過程で、巨大な霜柱が

図 D　日本で初めて永久凍土の存在を確認した大雪山

図 E　永久凍土の部分融解と再凍結を繰り返した結果
形成された丘のピンゴ

地中に形成されて地表を隆起させ、ピンゴが形成されているのです（図E）。

次は南極へ行くことにしました。南極の陸地の二パーセントは氷河や氷床が覆っていません。そこに永久凍土が形成されているのです。南極半島部にも氷床が覆わない地域があり、アルゼンチンとチリの研究グループと共同で現地調査を行いました。北極とは異なる環境で、永久凍土はどのようになっているか、興味深い現象を数多く見ることができました。ちょうどその頃ソビエトからロシアへの政治体制の変革が起こり、シベリアへの立ち入りが許可されたため、一九九一年から八年間の間に二十一回のシベリア行きが実現しました。

その後、アラスカ大学の教授でオーロラ研究の世界的権威である赤祖父俊一先生のご尽力により、アラスカ大学に国際北極圏研究センターが、日米政府の共同出資で創立されました。ちょうど良い機会であり赤祖父先生の薦めもあって、私は長年過ごした北海道大学からアラスカ大学へ移りました。

北海道の北の果てでの周氷河地形調査に始まり、アラスカ、極北カナダ、シベリア、そして南極と、永久凍土への調査研究の道は繋がっていったのです。

第3章

消えたマンモスの謎

マンモスの肉はウマいのか？

—マンモスハンターの生活—

一九九三年の北極海の島々での調査中、腐《くさ》っていないマンモスの脚を二か所で発見しました。丹念《たんねん》に探せばまだまだマンモスが凍土《とうど》中に凍結状態で残されている可能性はあります。その肉を食べたかと聞かれたことがあります。シベリアのどこかで誰かが食べたという噂《うわさ》があったからです。残念ながら私が発見したマンモスはとても食欲の湧《わ》くような代物ではありませんでした。

食肉を凍結保存するのは、雑菌の繁殖《はんしょく》を防いで腐敗《ふはい》を防止するためです。では私たちが普段食べている冷凍した食肉はどのように処理され管理されているでしょうか。食肉処理工場では枝肉《えだにく》として切り分けられた後にマイナス三五度に急速冷凍されます。その状態で一時保管されまた輸送されます。きっちりとラップし空気に触れない状態でマイナス二〇度以下で管理しておけば、約一年間は安定して貯蔵できます。しかし、一般家庭の冷凍庫内温度はせいぜいマイナス一八度程度です。この温度ではタンパク質や脂肪が時間経過で酸化します。そのため「冷凍庫焼け」と呼ばれる独特の臭いがついて味が悪くなるのです。そのため、冷凍庫内での食肉保存期間は三〜四週間と食品メーカーは推奨《すいしょう》しています。

　では、凍結されたマンモスは永久凍土内で何度に保たれていたでしょうか。ヤクーツクでの地中温度の経年変動《けいねんへんどう》を見てみましょう（図1）。二メートルの深さでは温度が低下してもマイナス四度です。凍結マンモスがよく発見される北極海沿岸チクシの年平均気温はマイナス十二・七度、ヤクーツクはマイナス一〇・二度なので、その差を考慮《こうりょ》するとチクシの二メートルの深さの温度はマイナス六・五度〜マイナス四・五度となります。深くなると地温は上昇しますので、マンモスが埋まっていた深さは二〜三メートルと仮定すると、長期に凍結状態にあっても、その温度は現在の冷凍庫内のそれよりはかなり高い温度と推定されます。ましてやそこに数万年も埋まっていたマンモスの肉を食べることはやはり無理なのです。

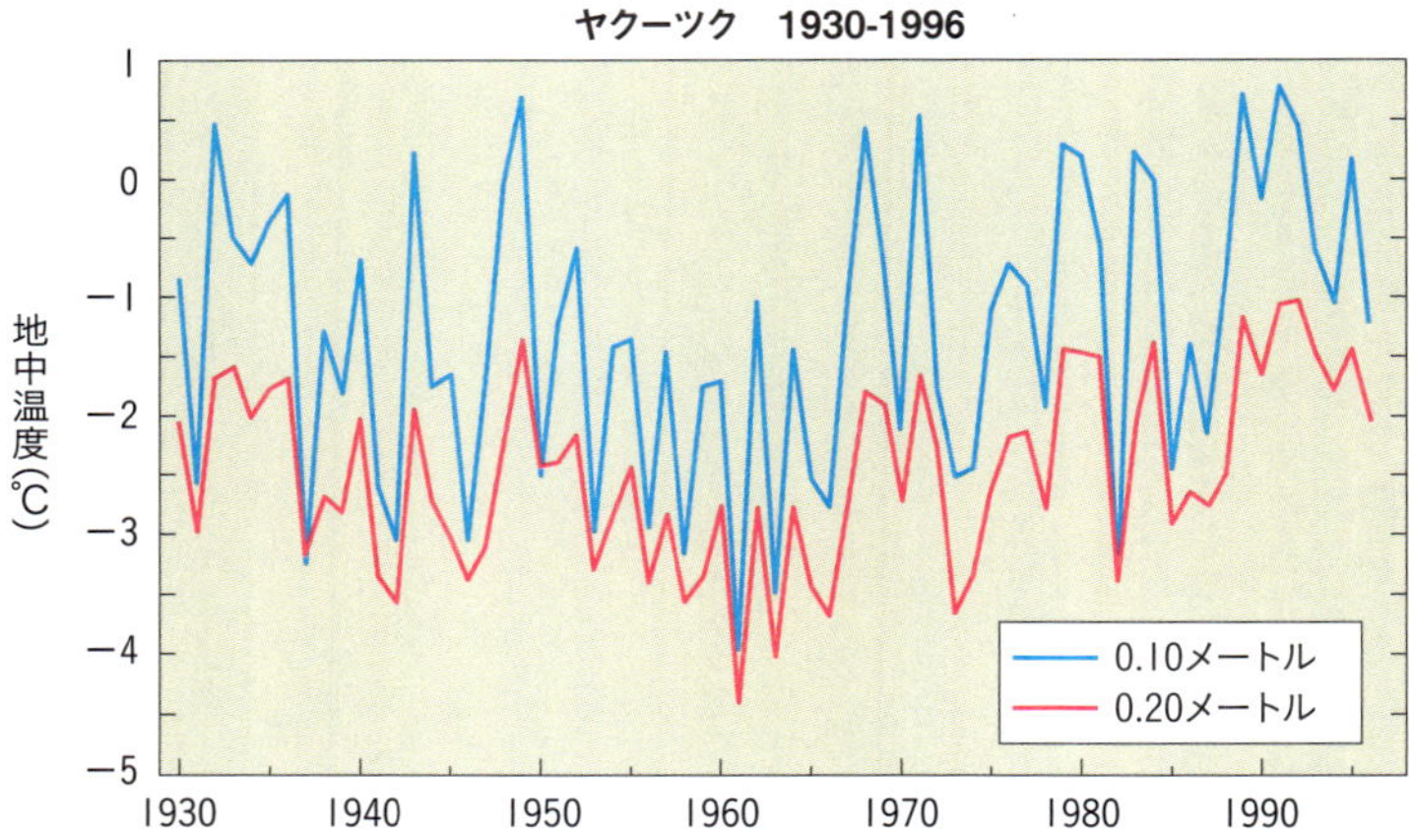

図1　│ヤクーツクの地中温度の経年変動

　ところで、先史モンゴロイドはどのように肉を調理していたでしょうか。比較のため同時代の縄文人の食生活を見ると、彼らはドングリや栗などの他にイノシシやシカも食べていました。肉を食べるのは一年に一回程度で、もっぱら菜食主義でした。縄文人は土器を持っていたので煮炊きができました。しかし調味料はありませんでした。肉は焼いて食べ、また骨を砕いて骨髄《こつずい》を取り出して食べていました。そこには塩分が含まれており、内臓などを食べることで、ミネラルやビタミンを摂取していました。先住民イヌピアックの人々は最近まで海獣《かいじゅう》や鯨《くじら》を捕獲した場合に生肉を食べていましたが、内臓もやはり生で食べています。そこにはビタミンが多く含まれています。野菜や果物を摂取できない地域に暮らす民族の知恵なのです。西シベリアでトナカイを飼育しているネネツの人々も、トナカイの肉や内臓を生で食べます。血も生のまま飲んでいます。やはりビタミンとミネラルの摂取のためです。北方に暮らす人々だけでなく、農耕をしない人々にとって、内臓を含めて肉を生で食べることは普通に行われていました。

　シベリアでも、先史モンゴロイドは土器を持っていなかったので、マンモスの肉は焼くかあるいは生で食べていたのでしょう。エニセイ川沿いの遺跡では、骨を砕いたあとが見つかりました。やはり髄を取り出していたようです。ツンドラではベリーもたくさん実っています。食後のデザートとしてこれを食べていたのかもしれません。いずれにせよ先史モンゴロイドの食生活は、もっぱら一日一キログラムのマンモスの肉を消費する肉食主義でした。

ところで、世の中には風変わりな物が出まわっています。ヨーロッパの家電メーカーの冷凍食品庫の宣伝文句には「我が社の優れた食品冷凍庫であれば、氷期からずっとお肉を美味く保存します」とあります。一種のパロディ広告です。またアメリカのスーパーマーケットではマンモスの肉の缶詰なる商品が売られています。嘘か本当かラベルには「一〇〇パーセントマンモスの肉」と書いてあり、これも一種のパロディなのでしょう。本当は何の肉か気にはなりますが、確かめようがありませんでした。同じように日本でも、マンモスの肉という商品がネット上で売られていました。

では現存するアフリカゾウの肉は食べられているのでしょうか。中央アフリカの四か国（カメルーン、中央アフリカ共和国、コンゴ、コンゴ民主共和国）では象

牙を狙う密猟《みつりょう》が多発していますが、密猟者は象牙だけでなく肉も闇市《やみいち》に流しています。二〇〇七年に象牙は一本一八〇ドルで取引されていました。肉は一頭あたり約四〇〇〇キログラムが売られ、値段は六〇〇〇ドルにもなっていました。つまり象牙で稼《かせ》ぐよりも肉を売る方が儲《もう》かっていたのです。これらの国々は政情不安のため密猟対策が不備で、毎年数万頭のアフリカゾウが密猟で殺されています。アフリカゾウの絶滅を加速する深刻な問題です。

先史モンゴロイドの生活

アフリカの野生動物のドキュメンタリーフィルムを見ると、アフリカゾウが暴れて大型の車両を破壊する様子や、インドでアジアゾウが集落を襲《おそ》って家屋を破壊する映像が映し出されています。そのパワーは人間が立ち向かうには大きすぎます。ではどのように先史モンゴロイドはマンモスを倒すことができたのでしょうか。

先史モンゴロイドは、グループで槍《やり》を使ってマンモスを追い立てて崖下《がいか》に追いやり、上から石を落として仕留めていたようです。また春先には凍結した湖に追い込んで、緩んでいた氷を踏み抜かせて溺死《できし》させるなど、力でなく頭脳プレーでハンティングしていたと思われます。マンモスは巨大な牙を支えるため頭でっかちで前肢《ぜんし》は発達していますが、後肢《こうし》は相対的に短く弱いようです。そこで私の想像では、先史モンドロイドは背丈の高い草むらに隠れ、マンモスが接近すると、いきなり茂みから飛び出してマンモスを驚かせます。びっくりしたマンモスは後ずさりして全体重が後肢にかかると、骨折して動けなくなります。それを仕留めたのではないでしょうか。なぜなら永久凍土から凍結状態のマンモスの脚がよく発掘されるからです。残念ながらロシアの研究者から賛同は得られませんでした。

さらに、先史モンゴロイドは強力な武器アトラトル（投槍器《とうそうき》）を使ってマンモスハンティングをしていました。棒の先端に槍を引っかけて投げる道具です。腕の長さは二倍になり、投げる時の回転運動から速度は二乗則で増加します。投げ出された槍の破壊力はとてつもなく大きくなります。エニセイ川中流域で発見されたマンモスの背骨には、石器製のやじりが突き刺さっていました。なお、マンモスの肉を切るには石器の手斧《ちょうな》が使われていました。北海道では黒曜石《こくようせき》でできた鋭敏《えいびん》な手斧が発掘されています。

マンモスハンターの生活について、もう少し見ていきましょう。住居はトナカイの毛皮を用いたテントでした。これは現在もシベリア各地で使われています。図2はシベリア東部のコリマ川で生活しているチュクチという民族が夏のテントとして使うヤランガです。

頂点の部分は少し隙間を開けてあります。テントの中央には囲炉裏《いろり》があり、夏でもたき火をして煙で蚊除けとしています。毛皮は二重になっていて厳冬期でも寒さを凌《しの》ぐことができます。西シベリアのヤマル半島に暮らすトナカイ遊牧民のネネツのテントはチュモと呼ばれています。

ウクライナのメジリチでは九六頭分のマンモスの骨と牙で作られた家屋の跡が発見されました。年代は一万三〇〇〇年前と推定されています。広さは一〇畳ほどあり、復元図を見ると、この骨組みの上に毛皮を掛けていました。二〇人程度のグループが暮らすには十分な空間があったようです(図3)。

また、先史モンゴロイドは獣《けもの》の骨で縫《ぬ》い針を考案していました。これで動物の腱《けん》を糸にして毛皮を縫い合わせていたのです。発掘の場所はバイカル湖

図２｜トナカイの毛皮を用いたテントは、今もシベリア各地で使われている

図３｜マンモスの骨と牙で作られた住居。メジリチ遺跡の例をモデルに当時の遺跡を復元した展示（撮影協力：国立科学博物館）

畔のマリタ遺跡で、女性の埋葬《まいそう》全身骨格が出土し、骨を覆うように毛皮の破片が見つかりました。それらをつなぎ合わせて復元させたところ、全身を纏《まと》うオーバーオール(つなぎ服)でした。ビーズが縫い付けてあり、なかなかお洒落《しゃれ》な服装でした。

また、マンモスをより多くハンティングしたいとの願望で、マンモスの象牙にマンモスの姿を刻み込んだり、マンモスの象牙でマンモスの像を作ったりしていました(図4)。またマンモスの象牙にビーナスを刻み安産祈願した像もシベリアで出土しています。

先史モンゴロイドの衣食住を復元してみると、彼らは狩猟技術にも長けており、創意工夫を凝らしながらとても活動的であり、また生き生きと暮らしていたことがわかります。もし現代に彼らが現れたら、サバイバルの達人としてさぞかし尊敬されたことでしょう。

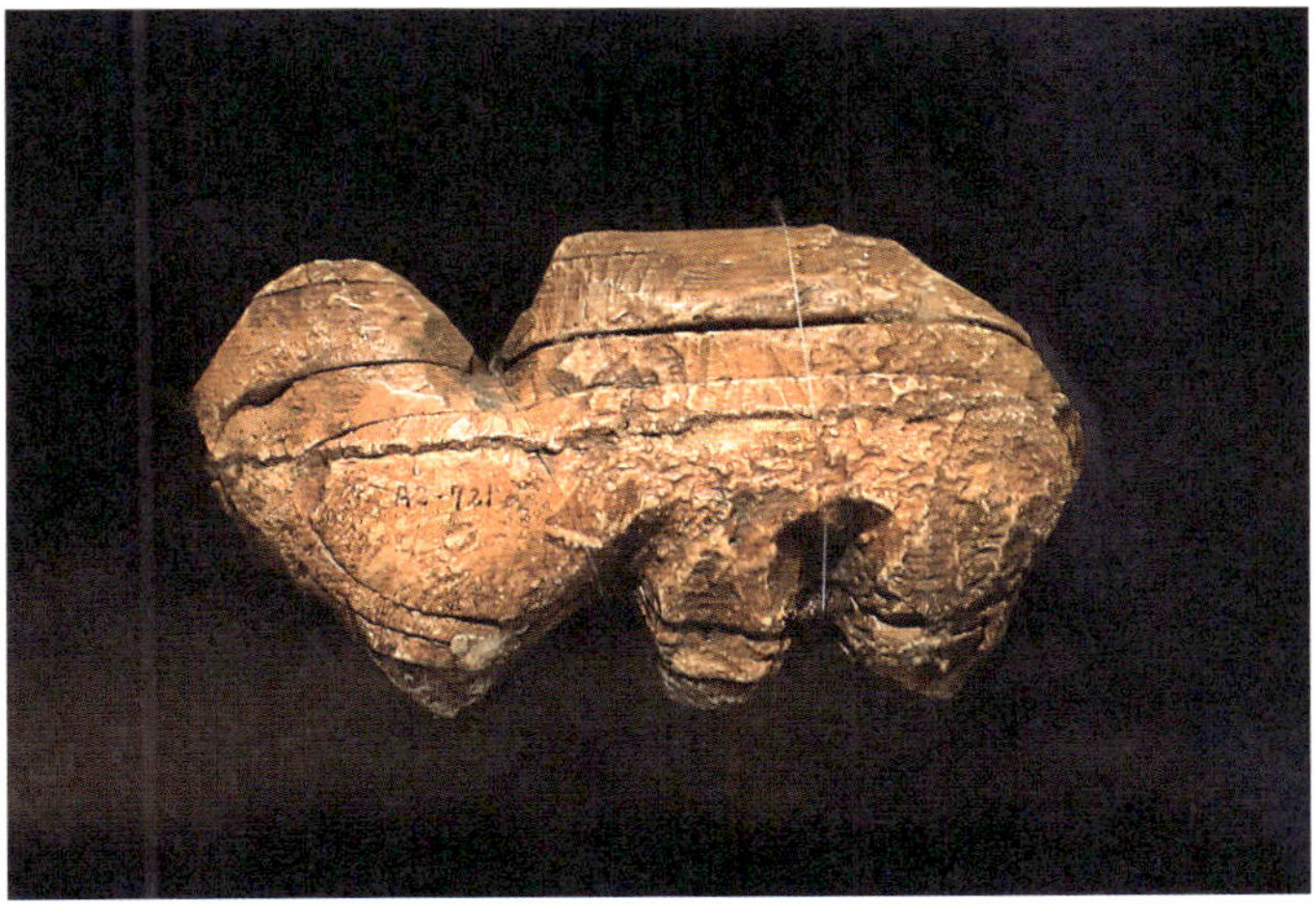

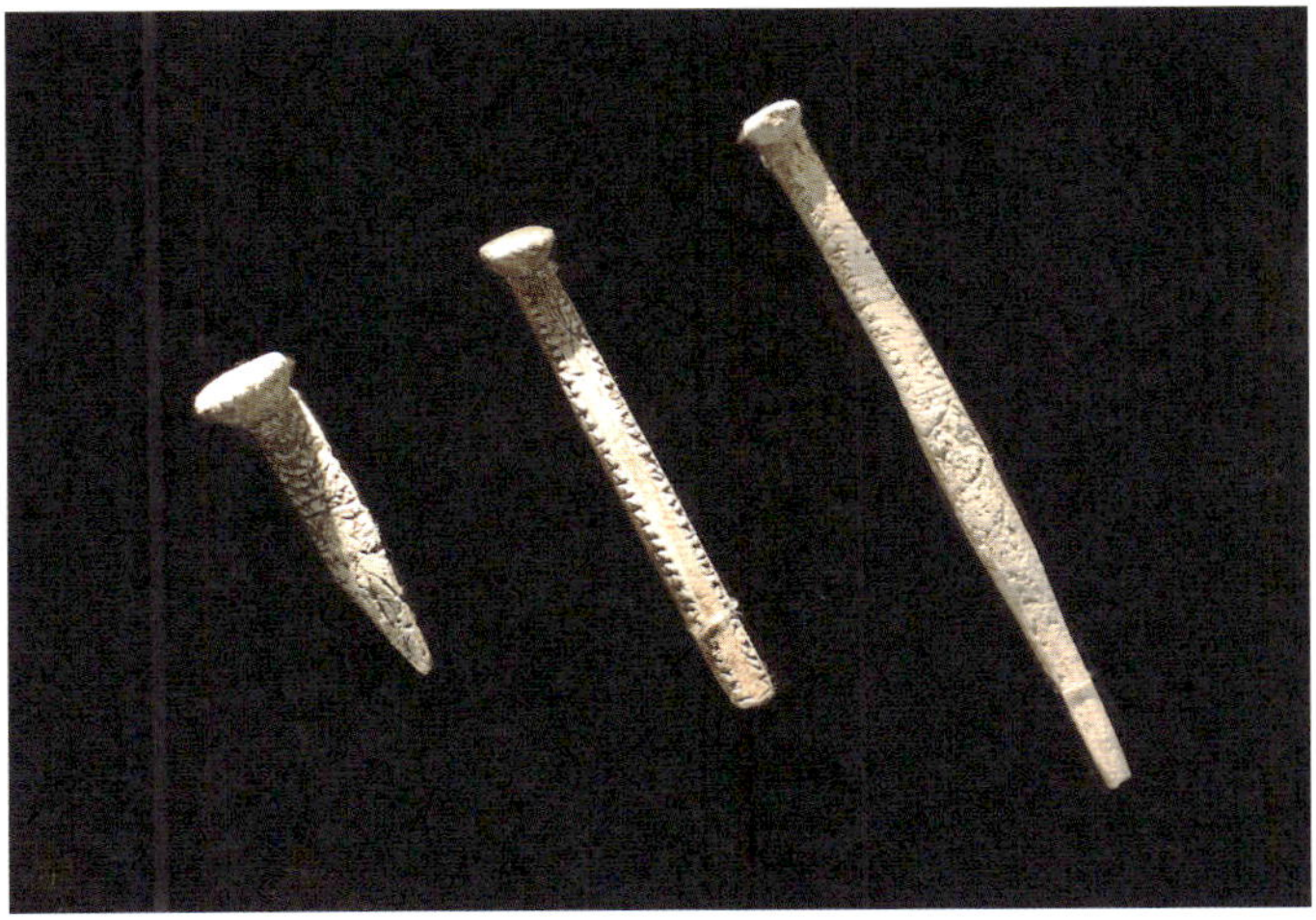

図４　写真上：マンモスの象牙で作られたマンモスの像　写真下：シベリアではマンモスの牙で作られたピンなども多数発見されている
（撮影協力：国立科学博物館）

マンモス絶滅のシナリオ① 「過剰狩猟説」

約一万四〇〇〇年前の後氷期《こうひょうき》、地球の気候が温暖に戻ると、マンモスは北へと戻っていきました。それを追いかけた先史モンゴロイドの過剰狩猟《かじょうしゅりょう》により、マンモスは絶滅したという説が以前から有力でした。そこでまず、この絶滅説について検証してみます。

まず始めに、約一万年前、絶滅前の極北シベリアでのマンモスの生息数を推定してみましょう。現代版マンモスハンターによってシベリアで発掘・収集されているマンモスの牙は年間五〇トン程度です。大小ある牙の重さは平均で七〇キログラムと仮定します。五〇トンを七〇キログラムで割ると約七一四になり、毎年この数だけそれなりの牙を持つオスのマンモスが死んでいることになります。

牙の小さいメスや、牙を持たない子供のマンモスも毎年死亡すると仮定して、凍土に埋もれたマンモスの総数は七一四×二・五で一七八五頭となります。永久凍土から発見される確率はせいぜい一〇パーセントなので、実際には一七八五〇頭となります。

次に、ある期間マンモスの数は増減しなかったと仮定します。つまり同じ数だけ誕生するわけです。マンモスの妊娠期間は二年なので、毎年一七八五〇頭生まれてくるためにはその四倍の成獣《せいじゅう》マンモス（七一四〇〇頭）がシベリアに生息していたと推定されます。毎日八〇キログラムもの草を食べていたマンモスを支える生物資源量（バイオマス）から考えても、極北シベリアが広いといえど、生息数はせいぜい八万頭程度でしょう。

先史モンゴロイドは主に狩猟により得た動物の肉を主食としていました。考古学的な証拠から考えると、成人は一日一キログラムもの肉を食べていたようです。現代でもレストランで二〇〇グラムのステーキが出るとかなりへビーな食事と感じます。先史モンドロイドはたいへんな大食漢《たいしょくかん》といえるでしょう。

これだけの肉を毎日調達するには、ウサギのような小動物ではよほど数多く獲得しなければなりません。そこで狩猟民の原則として、一回の狩猟で得られる肉の多い動物を狙おうとします。アラスカの北極海沿岸の先住民イヌピアックが伝統的に鯨を狙うのも、一頭で多くの肉が得られるからです。

アラスカでは獲得した鯨を浜に引き上げ、それを切り出して食べていました。夏になり海が開けると鯨のハンティングが始まります。夏至の頃、冬の間蓄《たくわ》えていた鯨を皆で食べてマクタック（鯨）のお祭りを祝います。鯨猟が始まるので、肉の残量を気にしなくてよいという意味で祝うのです。私もかつて、アラスカのポイントバローという地の海岸でマクタックに参加し、無理やり鯨肉を食べさせられました。発酵《はっこう》した匂いが強烈で、お世辞にも美味しいとは言えなかったのを覚えています。

マクタックでは、セイウチの皮を縫い合わせてそれを大勢の人々があおって皮の中心にいる人を空中に跳び上がらせる、ブランケットトスという遊びを行います（図5）。これはトランポリンの原形といえます。ツンドラで樹木が生育しないため材木がなく、見張り台を作ることのできないアラスカの原野において、沖の鯨の潮吹きを発見する見張りのためという実用性もありま

図5　アラスカの鯨のお祭り「マクタック」で行われる、ブランケットトスという遊び

した。

話をマンモスに戻します。マンモスハンターのグループ二〇名から三〇名で構成されていたとします。すると彼らが生きていくには年間八トンのマンモスの肉が必要です。一頭のマンモス（体重八トン）から骨や皮膚を取り除くと食べることのできる肉は二トン程度であることから、一グループで年間四頭をハンティングしていたことになります。極北シベリアに先史モンゴロイドが二〇〇グループいたとすると、毎年八〇〇頭が食べられたことになります。増えも減りもしないと仮定していましたので、総数八万頭のうちの一パーセント（八〇〇頭）毎年が減ってゆくと、一〇〇年間ですべて食べ尽くすことになります。このため短期間でマンモスは絶滅することになります。

しかし、私はヒトが狩猟しただけでは、マンモスは絶滅しないと考えています。その理由は後ほど説明することにします。

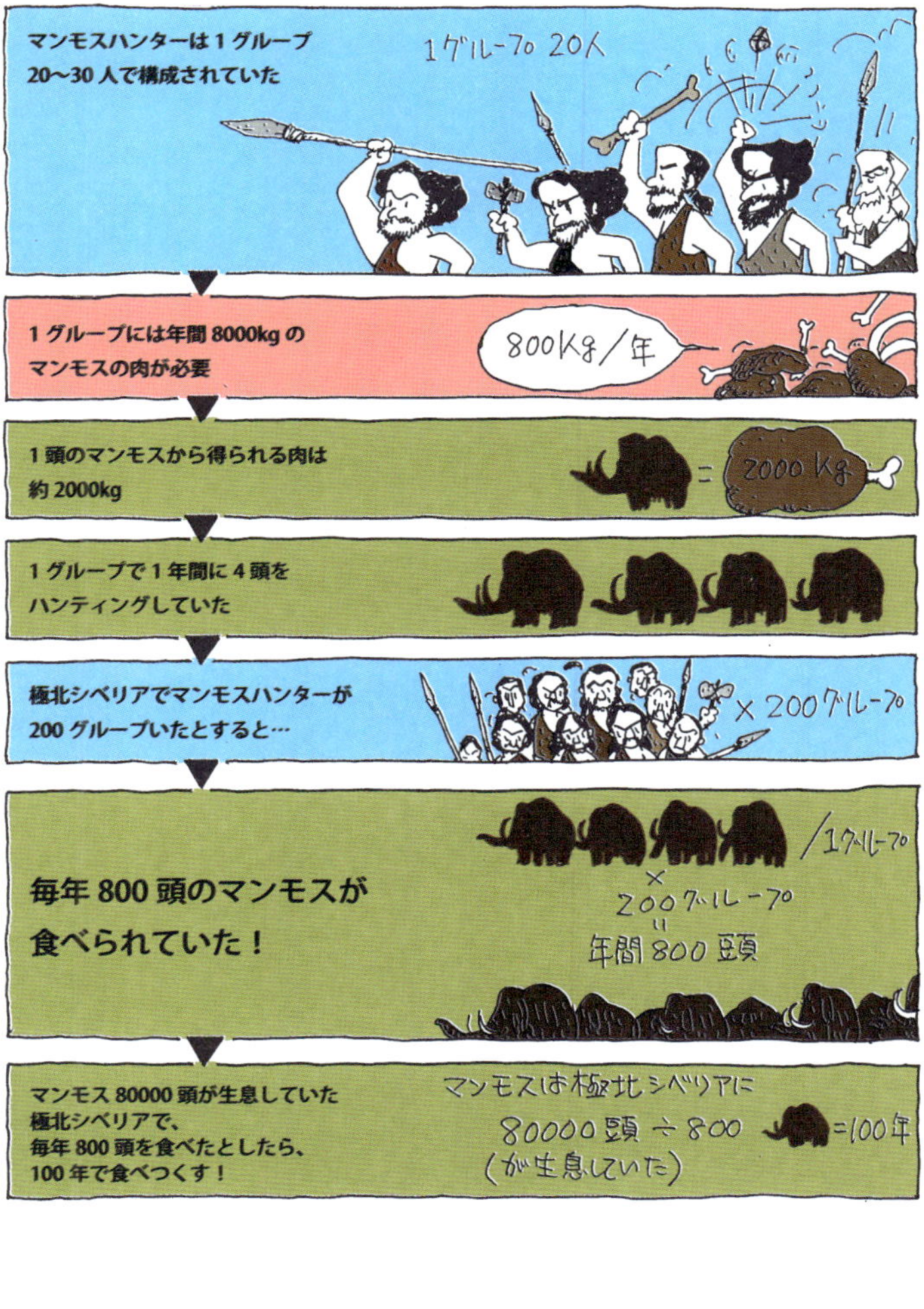
マンモスハンターは１グループ
20～30人で構成されていた
1グループ 20人
１グループには年間8000kgの
マンモスの肉が必要
800Kg/年
１頭のマンモスから得られる肉は
約2000kg
2000Kg
１グループで１年間に４頭を
ハンティングしていた
極北シベリアでマンモスハンターが
200グループいたとすると…
×200グループ
毎年800頭のマンモスが
食べられていた！
/1グループ
×
200グループ
年間800頭
マンモス80000頭が生息していた
極北シベリアで、
毎年800頭を食べたとしたら、
100年で食べつくす！
マンモスは極北シベリアに
80000頭
(が生息していた)
÷800
=100年

マンモス絶滅のシナリオ②
「気候変動説」

マンモスの絶滅の時期は約一万年前とされています。このころ、極北シベリアでは人類の進出以外にも突発的な出来事がありました。気候変動《きこうへんどう》です。これがきっかけでマンモスは絶滅したというのが、気候変動説です。寒冷化でツンドラ植生《しょくせい》が消失したためと思われるかもしれませんが、むしろ逆に、急激な温暖化でマンモスにとって不利なことが起こったのです。

一万四〇〇〇年前にサルタン氷期が終わり、温暖化が始まりました。ところが、一万二〇〇〇年前〜約五〇〇〇年間急激に気温が低下する時期がありました。これをヤンガードリアスの寒候期《かんこうき》と呼んでいます。ドリアスとは高山植物のチョウノスケソウのことです（図6）。冷涼な地域に生育し、日本でも高山植物として各地で見ることができます。

ヤンガードリアス期はどの程度寒冷化したのでしょうか。グリーンランド

図6　ヤンガードリアス期の「ドリアス」はこのチョウノスケソウのことだ
（写真提供：五十嵐恒一）

氷床コア解析《かいせき》では十五度の低下とされ、イギリスでは昆虫化石の解析から五度の低下とされています。なお、この一時的な寒冷現象は南半球では発生しませんでした。ヤンガードリアス期の出現には、最終氷期にユーラシアと北米を覆っていた氷床の後退が関わっています。最終氷期には、ヨーロッパからシベリア西部を覆うスカンジナビア氷床が分布していました。氷床の厚さは一〇〇〇メートルを超えていました。シベリア西部では南北に流れるオビ川とエニセイ川の河口部を氷床が覆ってしまい、川の水が出口を失って中下流域には広大な湖が形成されていました（図7）。

　最終氷期の終わり、氷床が後退してふさがれていたこの部分がなくなり、膨大《ぼうだい》な量の湖水が土砂とともに北極海に流れ込みます。このため、北極海の塩分濃度は薄まり、凍結しやすくなりました。

　北アメリカのローレンタイド氷床（図8）は、最終氷期には現在の南極氷床と同じ規模に拡大していましたが、最終氷期の終わりに縮小後退するにつれて、膨大な量の融解水《ゆうかいすい》がミシシッピー川に流出しました。また、氷床でせき止められて形成されていたアガシー湖の湖水もセントローレンス川を通って

図7　｜オビ川とエニセイ川の河口を氷床が覆ったことで、湖が形成された

図 8 ｜ ローレンタイド氷床のあった場所

ハドソン湾に一気に注ぎ込みました。このため、大西洋の北アメリカ側の縁を流れていたメキシコ湾流は、低温と低塩分となって北上します。

北極海は、もともと暖流であったメキシコ湾流が流れ込んで暖められていました。アイスランドの首都のレイキャビックは北緯六四度八分に位置しており、アラスカのフェアバンクス、シベリアのヤクーツクとほぼ同じ高緯度です。しかし、レイキャビックの年平均気温はプラス四・四度と、フェアバンクスのマイナス二・八度、ヤクーツクのマイナス八・八度よりもはるかに温暖です。これもメキシコ暖流のおかげです。

しかし、最終氷期の終わりにメキシコ湾流は低温・低塩分となって北極海に流れ込みました。さらにそこにはオビ川とエニセイ川のせき止め湖からの淡水も加わり、北極海は年間を通じて凍結する永久結氷が発生しました。これがヤンガードリアスの寒候期が発生した原因です。

その後、ローレンタイド氷床がほぼ融解し後退し終わると、河川への融解水の流入もなくなり、メキシコ湾流も元の熱環境《ねつかんきょう》に戻りました。西シベリアでの湖の決壊《けっかい》も終了して、淡水も流入しなくなりました。こうした北極海周辺の熱環境が元に戻ることで、北極海の永久結氷《えいきゅうけっぴょう》も停止し、寒冷な気候条件から本来の条件へと回復しました。すると、北極海を囲む周辺地域では短期間に急激な温度上昇が発生しました。二〇一二年に北極海の海氷面積が最小になりました。今起こっている温暖化と海氷面積の減少の関係は、ヤンガードリアス寒候期の逆の現象が起こっているのです。図9は、JAXA(宇宙航空研究開発機構)が公表した最小化した北極海の海氷分布図です。この減少は地球規模の温暖化によって引き起こされた分よりも、大西洋からの温暖な海流の流入増加が主な原因と考えられています。海氷面積の拡大は、海を取り巻く北極域全体の気温を上昇させます。ヤンガードリアス期には北極海全域が年間を通じて結氷する永久結氷が発生しました。その結果、北極圏《ほっきょくけん》の気温が低下したのです。北極海の海氷分布は、北半球の気候変動に大きな影響を与えているのです。

図10はコペンハーゲン大学からオリジナルデータを譲り受けて、氷床コアで復元した温度変動記録です。図を見ると、わずか約三〇年の間に七度も温度が上昇しています。それはたとえるなら、東京の年平均気温一五・五度が

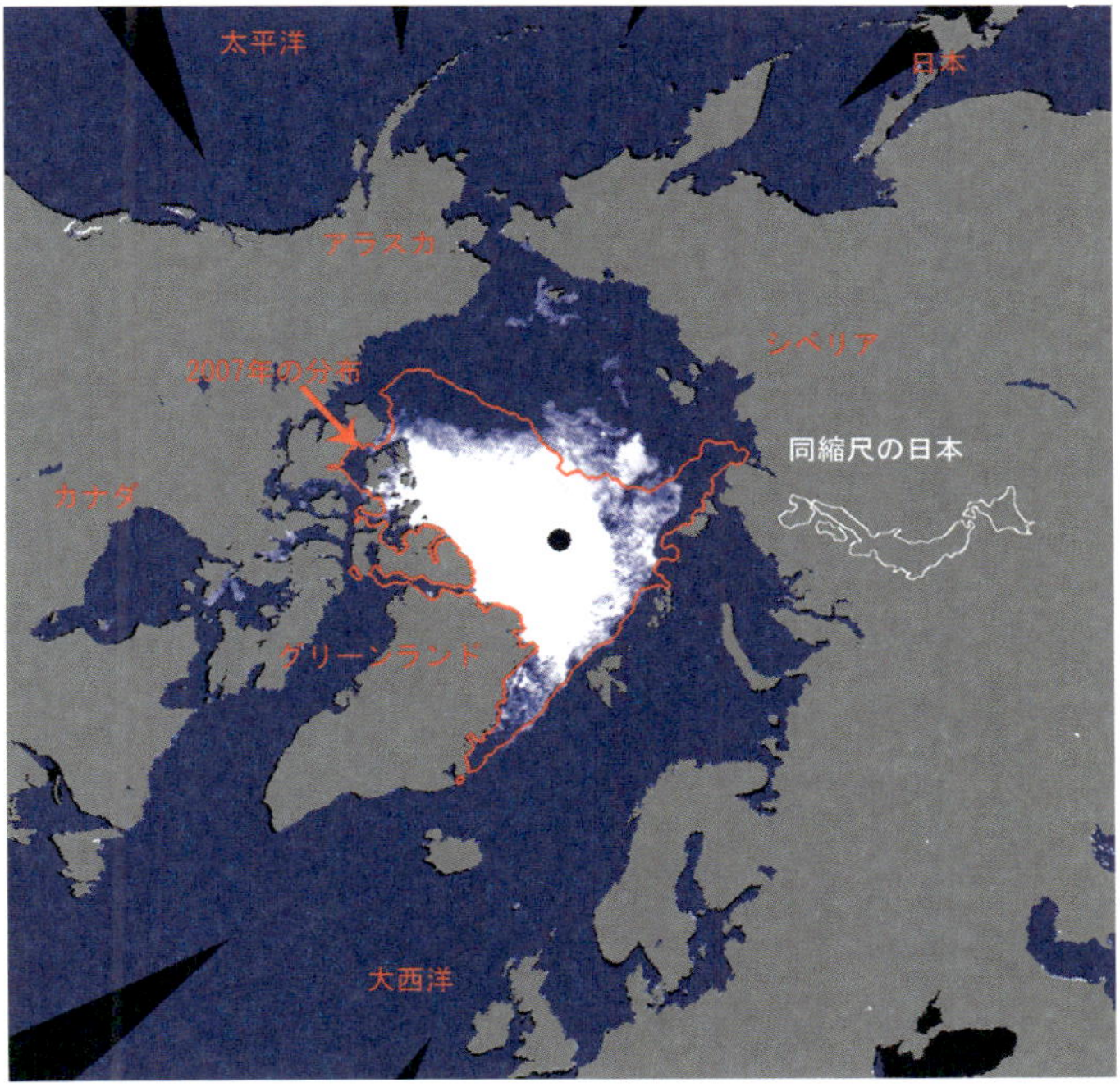

図9　｜最小化した北極海の海氷分布（画像提供：JAXA）

いきなり台湾の台北市《たいぺいし》の二十三度に上がったような昇温です。また、北極海で年間を通じて結氷しない海域ができたことで十分な水蒸気の供給があり、積雪量が二・五倍も増加しました(図11)。グリーンランド氷床の解析結果にもそれがはっきりと記録されています。極北シベリアでは積雪の増加と根雪期間の延長などから、マンモスはエサとなる地上の草を摂取することが困難になりました。アメリカマストドンは歯の構造から、堅《かた》い木の葉を咀嚼《そしゃく》することができましたが、マンモスは柔らかい草の葉しか咀嚼できません。長い期間厚い積雪が地表を覆うことにより、マンモスはエサを十分に食べることができなくなり、これが致命的な打撃となって絶滅に追い込まれたと考えられています。これが気候変動による絶滅説のシナリオです。

本来、地球の温暖化はツンドラ植生にとってはバイオマスが増加し有利に働くはずでしたが、積雪量が二十五倍も増加した雪の下から大量の草を掘り出して食べることは、マンモスにとって困難でした。なお、同時期に生息していたバイソンは、蹄《ひづめ》と角で積雪を効率よくかき分けることができたため、生き延びることができたのです。

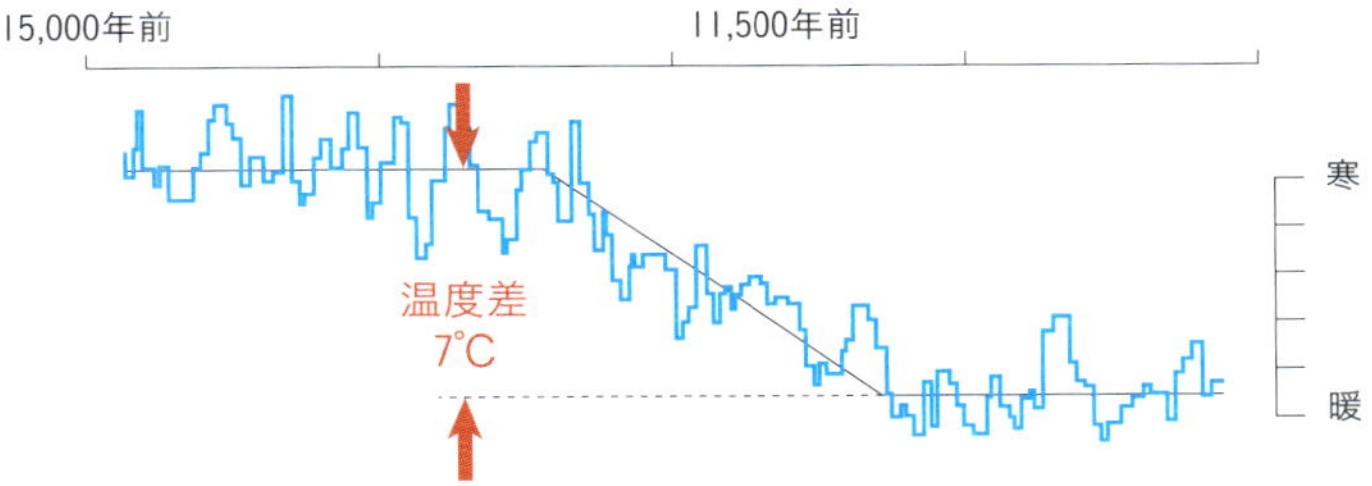

図 10 ｜ 温度変動記録

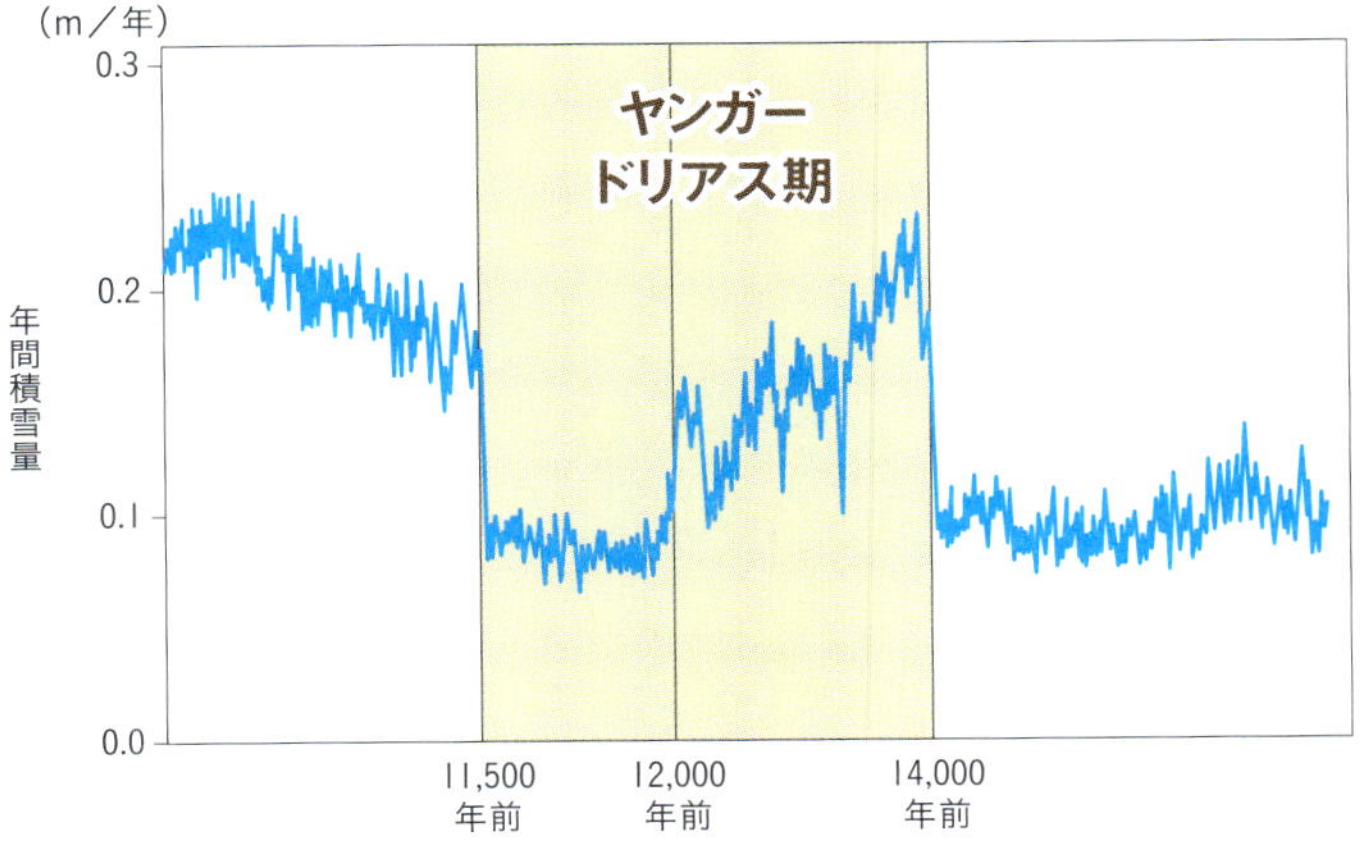

図 11 ｜ 年間積雪量の変化

マンモス絶滅のシナリオ③

「ウイルス蔓延説」

二〇〇五年に開催された愛知万博で記念シンポジウム「マンモスの絶滅」が行われました。シンポジウムでは、マンモス絶滅の原因として、過剰狩猟説や気候変動説の他に、マンモスの遺骸《いがい》から未知なる病原菌が検出され、これが蔓延《まんえん》して絶滅したという説が、イルクーツクとヤクーツクの研究グループにより発表されました。

以前から病原菌《びょうげんきん》による絶滅説はありましたが、この二つのグループはマンモスの体内から病原菌を検出したという報告でした。正確に何であるのかはまだ確定していないものの、炭疽菌《たんそきん》の一種であるとのことでした。確かに炭疽菌は草食ほ乳動物に蔓延し、今でも中央アジアでは時として猛威《もうい》をふるうことがあります。炭疽菌は病原性細菌としてはやや大型で、筒状をしていて直径は一マイクロメートル、長さは五～一〇マイクロメートルです。なお、一マイクロメートルは、〇・〇〇一ミリメートルです。

炭疽菌はどのように草食ほ乳動物に感染し、死に至らしめるのでしょうか(図12)。

炭疽菌はまず、ほ乳動物の死骸《しがい》から地中に浸透《しんとう》します。地中に浸透した炭疽菌は植物の根に付着し、共生します。やがて数を増やすために筒状の細菌内に芽胞《がほう》を形成します。

草食ほ乳動物は植物を咀嚼する際に芽胞を体内に取り込みます。炭疽菌は動物の体内で増殖し、動物は炭疽を発症して死に至ります。芽胞は地中での耐性《たいせい》が強く、長い時間保温されても死滅しません。実際にシベリアで、永久凍土中の芽胞に由来した炭疽が蔓延するという事例が発生しました。

二〇一六年八月、西シベリアのヤマル半島で炭疽菌の集団感染が発生し、二十三人の感染と少年一人の死亡が確認されました。地方自治政府は軍隊を派遣し、多くの住民へのワクチンの投与やトナカイの死骸の焼却などの懸命の消毒を実施し、それ以上の蔓延を阻止しました。その後の原因調査で、七〇年前に炭疽菌に感染死亡したトナカイの死骸が地中から露出し、そこか

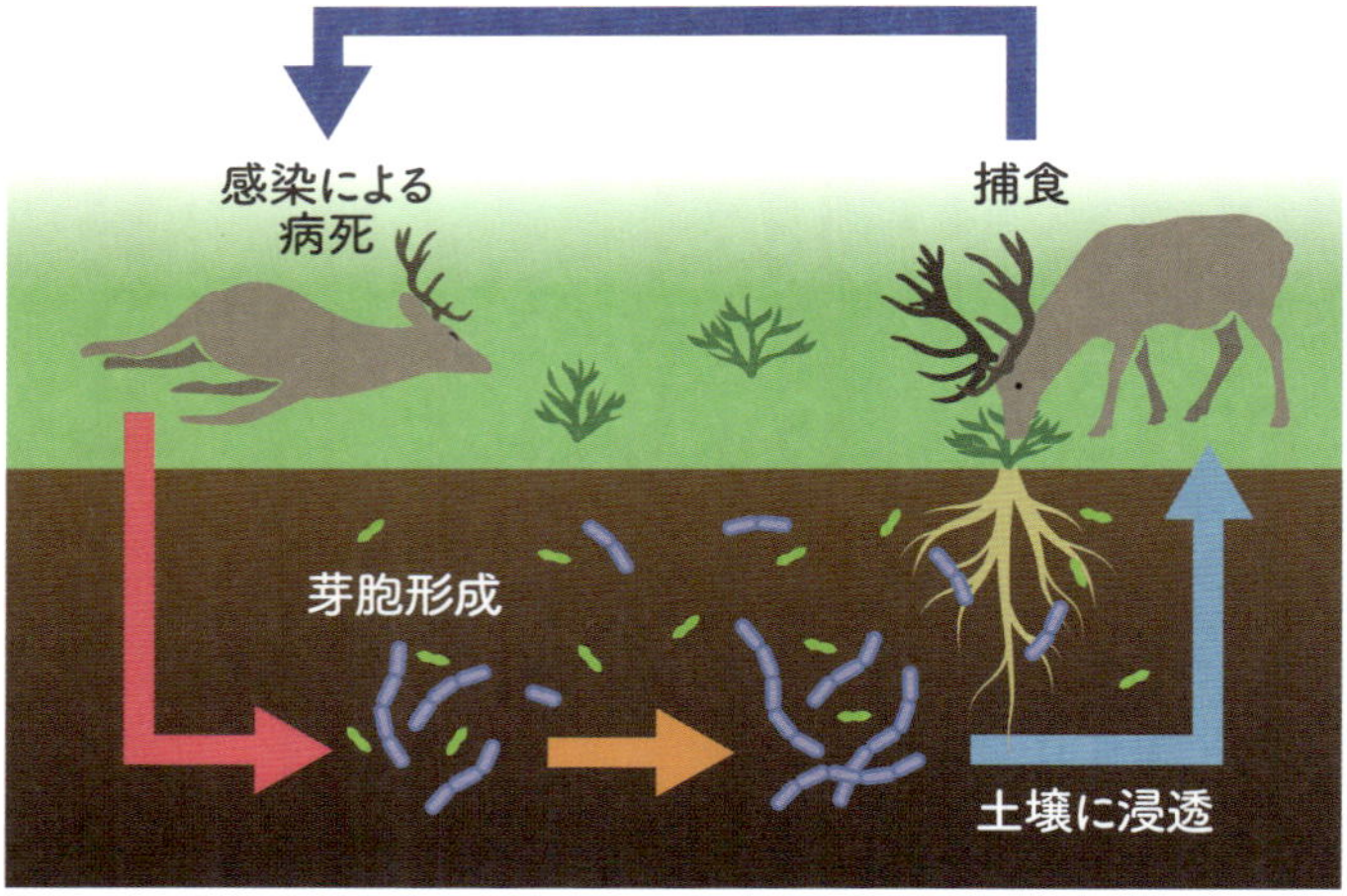

図 12 ｜ 草食ほ乳類の炭疽菌感染経路

ら出てきた炭疽菌が皮膚感染で人に広がったことが判明しました。この事例からシベリアでは地球温暖化による永久凍土の融解により、炭疽菌のような病原菌が出現して蔓延する可能性が指摘されています。

私がシベリアで行った永久凍土中のバクテリア調査でも、炭疽菌の一種を発見しました。幸いなことにそれは無害でした。なぜそのような調査を行ったかと言うと、永久凍土中に高濃度のメタンガスが含有されており、その起源を調べるためでした。持ち帰った凍土の試料を実験室の嫌気的《けんきてき》な環境で培養しながら、容器の中のメタンガス濃度を分析していくと、時間経過とともに濃度が上昇しました。これは永久凍土中のメタン生成菌《せいせいきん》が活性化して、メタンガスを生み出したからです（図13）。

前出の愛知万博でのシンポジウムでの議論では、発見された病原菌が本物かという疑問が提示されました。それは今述べたように、永久凍土中には無数のウイルスや病原体が含まれており、現場でマンモスの遺骸からサンプルを採取するときに周辺の土壌で汚染される可能性が高いからです。また完全に密閉保存しないと輸送過程でも汚染されてしまいます。結論として、発表

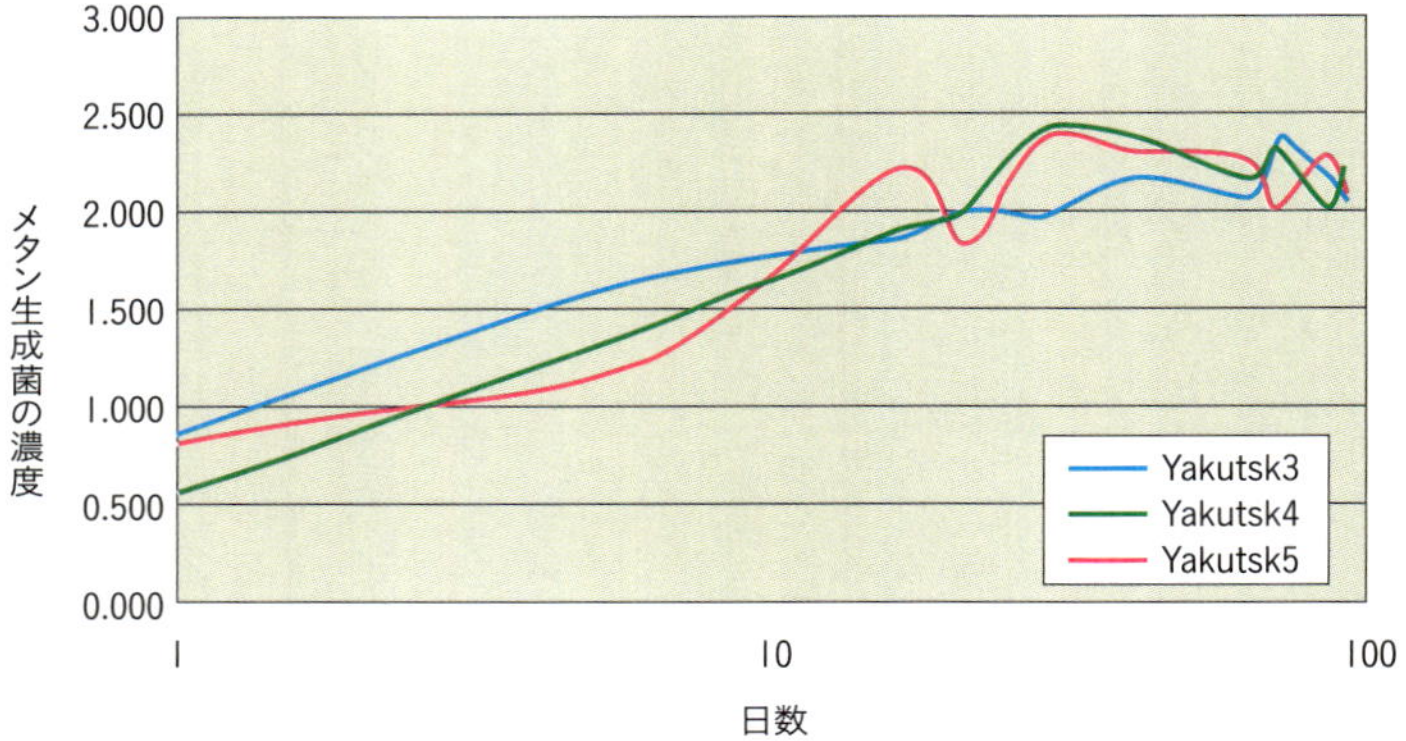

図 13 ｜ メタン生成菌活性化によるメタンガスの発生

ではマンモスを死に至らしめた病原菌は突き止められませんでした。

ほ乳動物が病原菌の蔓延で絶滅に至る可能性について、専門家であるアメリカ自然誌博物館のロス・マクフィー・アレックス・グリーンウッド博士の研究によると、明らかに病原菌によるほ乳動物の絶滅は、一九〇〇年初めにインド洋のクリスマス島で発生しました。そこに生息していたハタネズミの仲間が、島に上陸した人の船から逃げ出したネズミに感染していたトリパノソーマによって短期間で全滅したのです。なぜならクリスマス島は面積が小さく、またハタネズミの活動範囲も限られているからです。

オーストラリアのタスマニア島に生息するタスマニアデビルは、一九九〇年代半ば以降、デビル顔面腫瘍性疾患（ＤＦＴＤ）という奇妙な伝染性の病気が広まり、個体数は十四万匹から二万匹に激減しました。これも短期間での病原菌による蔓延で、絶滅するのではないかと懸念されています。こうした研究結果から類推すると、マンモスの生態や行動範囲からは、広大なシベリアで未知なる病原菌が原因でマンモスが短期間で全滅する可能性はあまり高くないように思えます。

三つの絶滅のシナリオの不都合

これまで三つのマンモス絶滅のシナリオについて説明してきましたが、いずれの説にも弱点があり、マンモス絶滅の真犯人を挙げるに至っていません。そこで各シナリオの持つ弱点を検証してみます。

検証一　過剰狩猟説の不都合

確かに先史モンゴロイドは優秀なハンターでした。道具も知恵もあり、巧みな狩猟技術でマンモスハンティングをしていました。しかしなにせ広大な極北シベリアで少数のハンターたちが、一〇〇年間足らずマンモスをすべて狩り尽くすことができたでしょうか。

マンモスの生息していた地域は日本の面積の八倍程度で、そこに八万頭が生息していました。生息密度は一平方キロメートルあたり〇・〇二頭です。

これを現在のアフリカサバンナと比較してみましょう。アフリカゾウの推定生息数は二〇一〇年で約六〇万頭で、生息密度は〇・〇六頭です。これは、シベリアに生息したマンモスの三倍となります。これは餌となる草本の総量（バイオマス）を基準とすれば妥当《だとう》な数字です。

では先史モンゴロイドの人口はどうでしょうか。約一万年前、モンゴロイドの人口は遺跡の分布などから推定して最大で八〇〇〇人、人口密度はマンモスの十分の一の、一平方キロメートルあたり〇・〇〇二程度だったと思われます。現在、地球上で人が居住している地域で人口密度が低いのはグリーンランドで〇・〇二六人です。ただし陸地の八一パーセントは氷床で覆われています。カナダの北西準州では〇・〇四人、アラスカではその一〇倍の〇・四人です。

先史モンゴロイドの推定人口密度〇・〇〇二人は、現在の人口密度が低い地域と比較すると、いかに少ないかはうかがい知れます。あの氷だらけのグリーンランドの十分の一なのですから。しかも先史モンゴロイドは定住せずに北へ北へと移動し、やがてはアラスカまで達しています。こうした移動しながらの狩猟生活では、一日あたりの行動距離は一〇キロメートル未満で、狩猟範囲も一年間で一〇〇平方キロメートル程度に過ぎないはずです。

マンモスの生息密度から推定すると、この範囲には二〇〇頭のマンモスが生息していました。絶滅シナリオでは年間四頭のマンモスを狩猟していましたが、これはマンモス二〇〇頭のうちの二パーセントにあたります。ただし先史モンゴロイドは移動しているので、同じ範囲内でのみ狩猟しているわけではありません。

次に移動した場所では未狩猟なので、マンモスの生息数の減り方は二パーセントより少ないと思われます。以上から推定すると、先史モンゴロイドが短期間にマンモスをすべて狩猟し尽くすのは難しいと思われます。ちなみに現在のアフリカゾウの生息数は約六〇万頭ですが、毎年三万頭が密猟で失われています。密猟が頻発している地域はアフリカの紛争地域でもあります。テロリスト集団が武器を獲得するために、象牙の密輸出が有力な資金源になっているのです。このまま密猟が継続するとアフリカ象は二〇年後には絶滅する危機にあります。密猟防止が緊急の課題であり、今まで以上に国際的な取り締まりが望まれています。なお、密猟で得られた象牙の主な流出先は中国とみられています。

検証二　気候変動説の不都合

一万一五〇〇年前にヤンガードリアス期の一時的な寒冷と乾燥期が唐突《とうとつ》に終了し、温暖化と積雪の急増が発生しました。グリーンランド氷床コア解析から、降雪量は二・五倍になったとされます。地上を覆う積雪量の増加と積雪の期間が長くなることは、マンモスにとってエサとなる草を摂取できる量が激減することになります。

現在のシベリアでは九月末に積雪期が始まり、根雪が消えるのは五月末です。降雪量が二・五倍になると根雪期間も長くなり、八月末から六月末に拡大することになります。つまりエサを摂取できる期間が短すぎるのです。私はノヴォシビルスク諸島のコテリヌイ島で八月二〇日に豪雪を体験しています。また同じ年の七月二〇日に、その前の冬の最後の降雪を体験しました。

この絶滅シナリオに決定的な不都合な発見が北極海のウランゲリ島とベー

リング海のセントポール島でありました（図14）。それは体の大きさが通常のマンモスの四分の一程度しかないマンモスが発掘されたのです。

ウランゲリ島は北極海に浮かぶ無人島で、大陸から一六〇キロメートル沖合にあります。この島にはホッキョクグマ（シロクマ）がアラスカや極北カナダから海氷に乗って集まってくることで知られています。

一九九三年、この島で小型のマンモスが発見されました。初めは子供のマンモスと思われていましたが、解剖《かいぼう》の結果から成獣であると判明しました。

図14｜ロシアのウランゲリ島とアラスカのセントポール島の位置

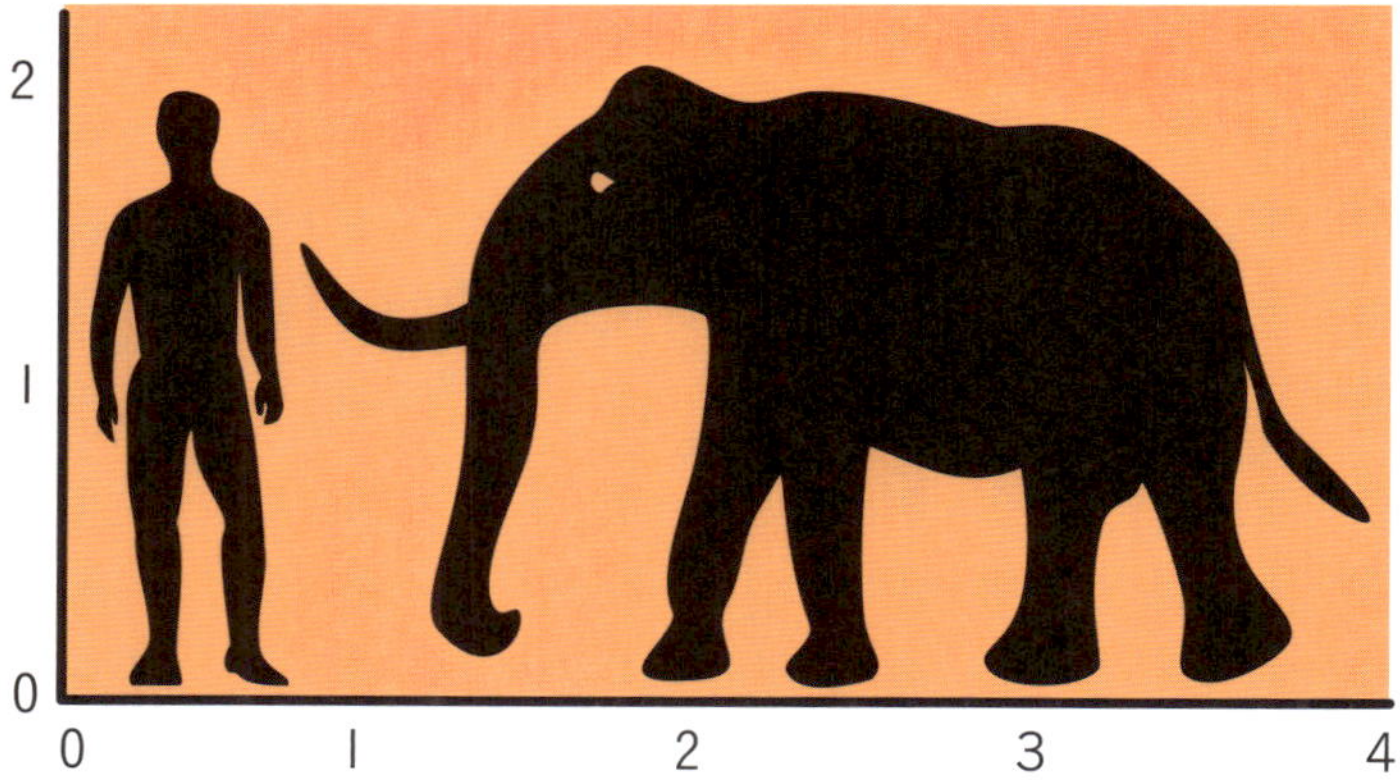

図 15 ｜ コビトマンモスとヒトの比較図

肩高《けんこう》は一・八メートルで人間の背丈に近く、矮小《わいしょう》マンモスと初めは命名されました（図15）。しかし以前に地中海のクレタ島で発見された小型マンモスと区別するため、後にピグミーマンモスと変更されました。日本ではピグミーが差別用語にあたるため、コビトマンモスと呼ぶことにしました。このマンモスの骨などで放射性炭素年代測定をしたところ、四〇〇〇年前に死亡したものとわかりました。これは古代エジプトでピラミッドが構築された時期です。つまり、文明化した人類と同時代に生存していたことになります。

なぜウランゲリ島で、ヤンガードリアス期直後の気候変動による積雪増でも生き延びたのか。それは体を小さくし、エサの必要摂取量を制限するという環境適応を行ったからです。

ロシアの研究者らの調査結果から、ウランゲリ島には五〇〇～一〇〇〇頭のコビトマンモスが生息していたと推測されました。島の面積の七六〇〇平方キロメートルから計算すると、生息密度は一平方キロメートルあたり〇・一三から〇・〇六頭となります。これは現在のアフリカゾウと同じか、あるいは二倍にもなるのです。

つまり、体が小さいため摂取するバイオマスが少なく、より多数のマンモスの生息が可能であったことを意味しています。また四〇〇〇年前まで生存できたのは、後氷期《こうひょうき》の海面上昇でウランゲリ島がシベリア大陸から隔絶され、狩猟民族の島への進出を遮《さえぎ》ったからでしょう。やがて絶滅に至った原因は不明ですが、近親交配《きんしんこうはい》のために劣性《れっせい》な遺伝因子《いでんいんし》が増して増殖能力や環境適応能力を失ったからと推定されています。

さらに奇妙なコビトマンモスが、ベーリング海に浮かぶ小さな島（セントポール島）で発見されました。セントポール島の面積は一〇四・四平方キロメートルで、この中心部にある湖沼底から、二〇一三年にコビトマンモスが発掘されたのです。

年代測定の結果で、六〇〇〇年前に湖底に埋没《まいぼつ》したと推定されました。いつごろどのような経路でコビトマンモスがこの島に渡ってきたかは不明です。骨格や残留していた体から、コビトマンモスの死亡原因が推定されました。なんとそれは渇きであるというのです。ますます謎が深まっています。

気候変動による絶滅のシナリオでは、コビトマンモスのように環境変化への適応戦略で、積雪増によるバイオマス減少を乗り切り、四〇〇〇年前まで生きていたことが説明できません。

検証三　ウイルス蔓延説の不都合

このシナリオの最大の弱点は、いまだ病原体が未確認であることです。炭疽菌がそれだというグループは、現地でマンモスから試料をサンプリングする際に問題があり、永久凍土中の炭疽菌に汚染された可能性があります。さらに今まで報告されている病原体によるほ乳動物の絶滅が、大陸から隔絶した島で発生していることから、シベリアのように広大な地域での短期間感染による大量死は説明しにくいといえます。

どのような病原体がマンモスを絶滅に追いやったのか。もしそれが永久凍土中のマンモス遺骸から検出された場合、誤って周辺に拡散させて、現生《げんせい》のほ乳動物に感染し大量死を引き起こす危険性もあります。それはエボラ出血熱の蔓延を連想させます。今後の調査研究には最大限の安全対策を望みたいと思います。

第四のシナリオ「複合説」

私は二〇〇五年の愛知万博でのシンポジウムで座長を務めました。座長としての責任もあったため、提案された様々な絶滅シナリオをしっかりと聞き、また検討する機会を得ました。その時の経験から第四の絶滅シナリオがあるのではないかと考えるに至ったのです。ロシアの研究者とそれについて議論する機会がありましたが、まだ全面的に賛同を得てはいません。このシナリオの要は三つの絶滅シナリオの弱点を相互に補完しあうという点にあります。

まず注目したのは絶滅の発生した時期です。目を付けたのは劇的な温暖化が発生したヤンガードリアス期の終わりの一万一五〇〇年前であることです。マンモスハンターが北極海沿岸まで北上し、アラスカに渡った時期は一万一六〇〇年前と推定されています。ほぼ同時期です。

マンモスの身になってその状況を想像してみましょう。

マンモスのいる地域は数十年の間に急激な気温上昇と大雪に見舞われました。もし今東京でこのような劇的変化《げきてきへんか》が起こったらどれほど混乱が発生するでしょうか。マンモスはまさに雪まみれで右往左往したことでしょう。さらに悪いことに、そこに狩猟に長けたハンター集団が現れて追い回し始めます。マンモスにとってはまるで地獄《じごく》に突き落とされたような状況でしょう。

ペストやコレラなど特定の伝染性の病原体の存在なしに、疫病《えきびょう》の蔓延が現代でも発生することがあります。一九七六年七月下旬にアメリカのペンジルベニア州フィラデルフィアで謎の感染症が発生しました。市内のホテルでは七月二一日~七月二四日にアメリカ在郷軍人会《ざいごうぐんじんかい》の大会が開催されていましたが、参加者のうち二二一名が原因不明の肺炎を発症し、三四名が死亡しました。原因としてウイルスや伝染性細菌が疑われましたが、特に伝染力の強い細菌は発見できませんでした。しかし普段は発症することのないいわば無害のグラム陰性桿菌《いんせいかんきん》（レジオネラ菌）が患者の肺から検出されたのです。在郷軍人会の英語名から、この感染症はレジオネラ症と名付けられました。

蔓延の原因は浴室から多数検出されたレジオネラ菌でした。ホテルの空調用の冷却塔《れいきゃくとう》が故障していて、そのためこの菌が大量発生し、浴室にばらまかれ患者の肺に吸い込まれて発症したのです。普段は無害なレジオネラ菌ですが、高齢者や糖尿病《とうにょうびょう》などの慢性疾患《まんせいしっかん》の患者など菌に対して抵抗力が低下している場合には、致死率は一〇～三〇パーセントに達します。同じようなレジオネラ症の発生は世界各地で報告されています。日本でも二〇〇〇年に茨城県石巻市《いしのまきし》の入浴施設で一四三名が感染して三名が死亡しました。二〇〇二年宮崎県日向市《ひゅうがし》の温泉入浴施設で二九五名の大量発症があり、うち七名が死亡しています。発生の共通項は入浴施設と高齢者です。レジオネラ症の特徴は空気感染であることと、重篤化《じゅうとくか》し死亡する患者は高齢者が多いことです。

これをマンモスの場合に当てはめるとどうなるでしょうか。炭疽菌は特定の種でない限り、これに感染して死に至ることはありません。シベリアのヤマル半島での感染例では以前に感染して死亡したトナカイから菌が拡散しました。また感染は皮膚への接触で起こっていて、伝染性が強かったことがわかっています。そこで一万一五〇〇年前の状況を想定してみます。急激な気候変動と進出してきたマンモスハンターによる狩猟圧力で、マンモスは抵抗力が低下し普通であれば発症しない弱性の炭疽菌に感染した可能性があるのです。しかも皮膚などの接触で容易に伝染するので、メスを中心とするマンモス集団では、短期間で容易に炭疽菌に感染したのではないでしょうか。

つまり第四の絶滅シナリオは、気候変動＋マンモスハンター＋炭疽菌の感染という複合した原因です。こう考えれば絶滅のタイミングや特定の病原体の存在なしで、短期間でマンモスが絶滅したことの説明が可能です。ただしこれをどのように実証するか、次の一手を検討中です。

マンモス研究の系譜

マンモスの進化過程について、長年にわたり研究を続けたマンモス研究の巨人はサンクトペテルブルグにあるロシア科学アカデミー付属動物学研究所のニコライ・ベレスチャーギン博士（一九〇八～二〇〇八）です。彼はモスクワ工科大学を一九二九年に卒業後、アゼルバイジャンのバクー動物研究所に赴任《ふにん》し、中央アジアの大型ほ乳動物の進化について研究しました。一九五九年にサンクトペテルブルグの動物学研究所に移ってからは、古生物学的《こせいぶつがくてき》な見地から、シベリア各地で発見されたマンモスの研究を熱心に行いました。彼は一〇〇歳の誕生日直前までマンモスについての研究を重ね、今日のマンモス学とも言うべき学問体系を確立しました。

現在ロシアで活躍する古生物学者の多くが、ベレスチャーギン博士の門下生なのです。一九九〇年に放送されたＮＨＫスペシャル「北極圏の第三集」では、飛行機からヤクーツク空港に降り立つ博士が撮影され、マンモスの発掘現場で熱心に指導・研究する様子が映し出されていました。当時私はＮＨＫの取材スタッフに永久凍土についての学術的アドバイスをする立場にあり、間接的ながら博士のかくしゃくとした姿を眼にすることができました。また九〇歳を過ぎてからも、カナダのユーコン準州のケナガマンモスの発掘現場を訪れるなど、元気に活躍していました。

氏は回顧録《かいころく》で、もう少し時間があったらアフリカで現存するアフリカゾウについてマンモスとの比較研究がしたかったと語っています。

アメリカで今もなお現役で古生物学の立場でマンモスの研究をしているのは、ミシガン大学のダニエル・フィッシャー教授です。彼はマンモスの牙からマンモスの行動記録を読み解く手法を開発しました。一九七五年にハーバード大学で古生物学の学位を取得し、ミシガン大学で古生物学の教鞭《きょうべん》を執っていました。マンモスの牙だけでなく、マンモスの骨格から生理機能を再現するなど、多くのマンモスの生態の解明に貢献《こうけん》しました。

彼は二〇〇五年の愛知万博でのシンポジウムにも参加しました。シンポジウムの日の午前中に子供のための講演会にも講師として参加し、多くの質問

にていねいに答えていました。予定時間を大幅に超過していたため、司会者が子供たちの質問を打ち切ろうとしたとき、気の毒だと彼は主張し、結局昼食抜きで子供たちの質問に答え続けていたのが印象的でした。

一九九一年、サハ大学（後の北東連邦大学）に付属していたマンモスが収集されていた施設をベースに、マンモス博物館がヤクーツクに創設されました（図A）。この博物館創設に深くかかわったのは、ヤクーツク在住の探検家あるいは研究者ペトロ・ラザレフ氏です。彼はヤクート族出身で、東シベリアの各地を研究者に同行し走破していました。特に僻地《へきち》での困難な調査は、彼なしでは不可能と言われていました。現地で発掘・収集したマンモスはサハ大

図Ａ｜ヤクーツクにあるマンモス博物館

学に収蔵されましたが、それを体系的に保管し公開する施設として、サハ共和国の支援でマンモス博物館ができあがったのです。ここにはロシアのプーチン大統領《だいとうりょう》も訪問しています。ラザレフ氏は二〇〇五年の愛知万博に展示されたユカギルマンモスの発掘にも深くかかわっていました。万博会場でのシンポジウムにも参加しています。私がシベリアの調査でヤクーツクを訪れた際は、何回か彼に会いました。万博会場では旧知《きゅうち》の仲で親交を深めました。ヤクーツクでは有名人でした。ソビエトのアフガン侵攻《しんこう》に参加し、名誉勲章《めいよくんしょう》を授与されたという勇者でもあります。

近年、マンモスの研究がとても盛んです。クローン技術によるマンモス復元の試みです。生命工学の研究分野での活動ですが、サハ共和国のヤクーツクの北東連邦大学が受け皿になり、世界各地の研究者がヤクーツクに集まっています。この項については、次の章で紹介しましょう。

第４章

マンモス絶滅から見る、現代へのメッセージ

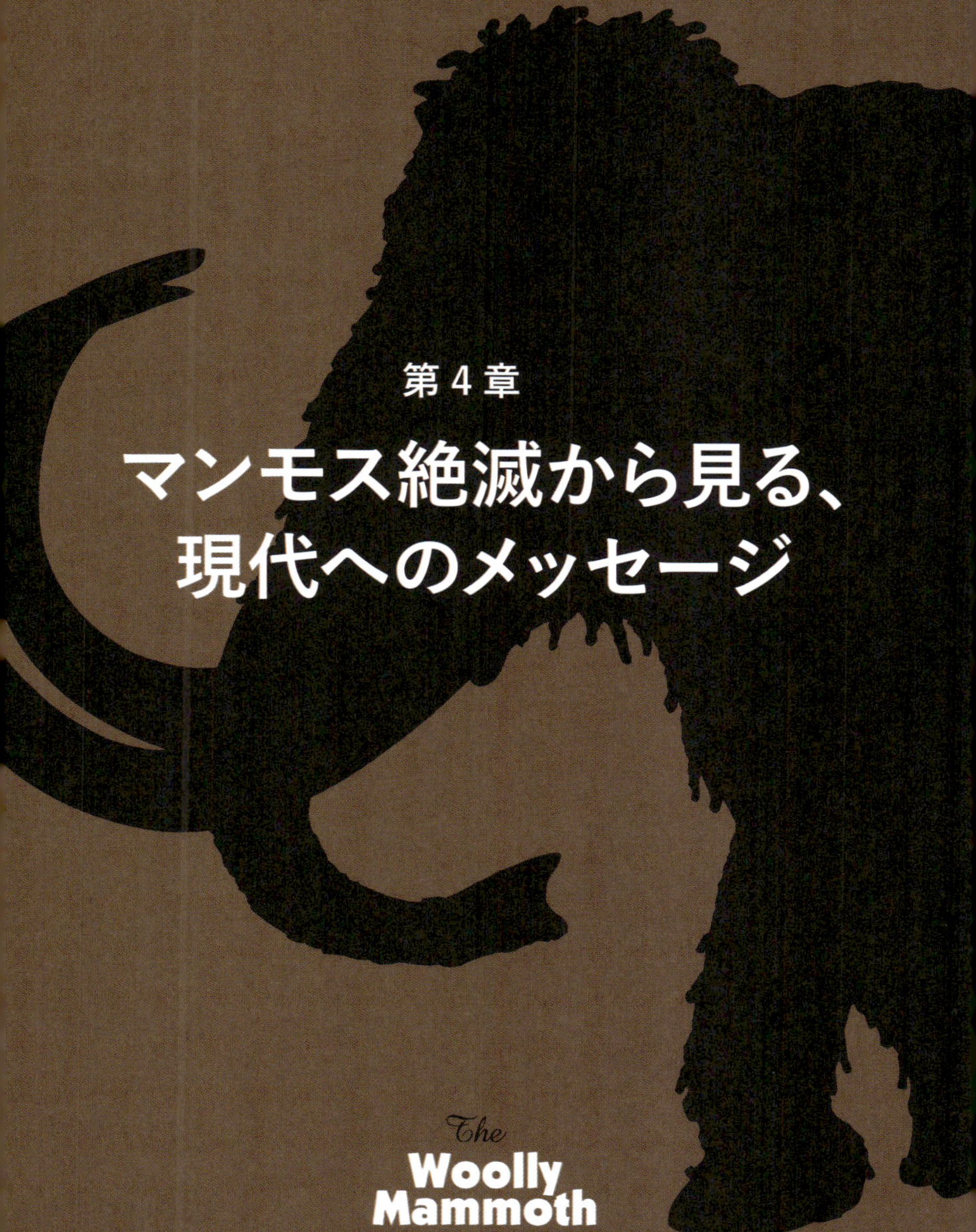

The Woolly Mammoth

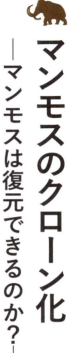

マンモスのクローン化
—マンモスは復元できるのか?—

二〇〇五年に開催された愛知万博で話題をさらったのは、凍結マンモス（ユカギルマンモス）の展示でした（図1）。そしてこの頃から、マンモスを復元しようという動きが活発になってきました。絶滅した動物をクローン技術の応用で復活させようという動きです。それには生命科学、特に遺伝子制御による体細胞《たいさいぼう》核《かく》移植《いしょく》法《ほう》（クローン技術）の進展が関係しています。クローン技術の成功例としてマンモスを復元させれば大きな関心を集めることができ、研究成果の宣伝としても抜群の効果が期待されるからでしょう。

私自身、一九九三年～一九九五年にかけての極北シベリアでの永久凍土《えいきゅうとうど》調査中に、いろいろな分野から問い合わせを受けました。それはたとえば、シベリアのどこに行けば凍結状態のマンモスが見つかるか、といった内容でし

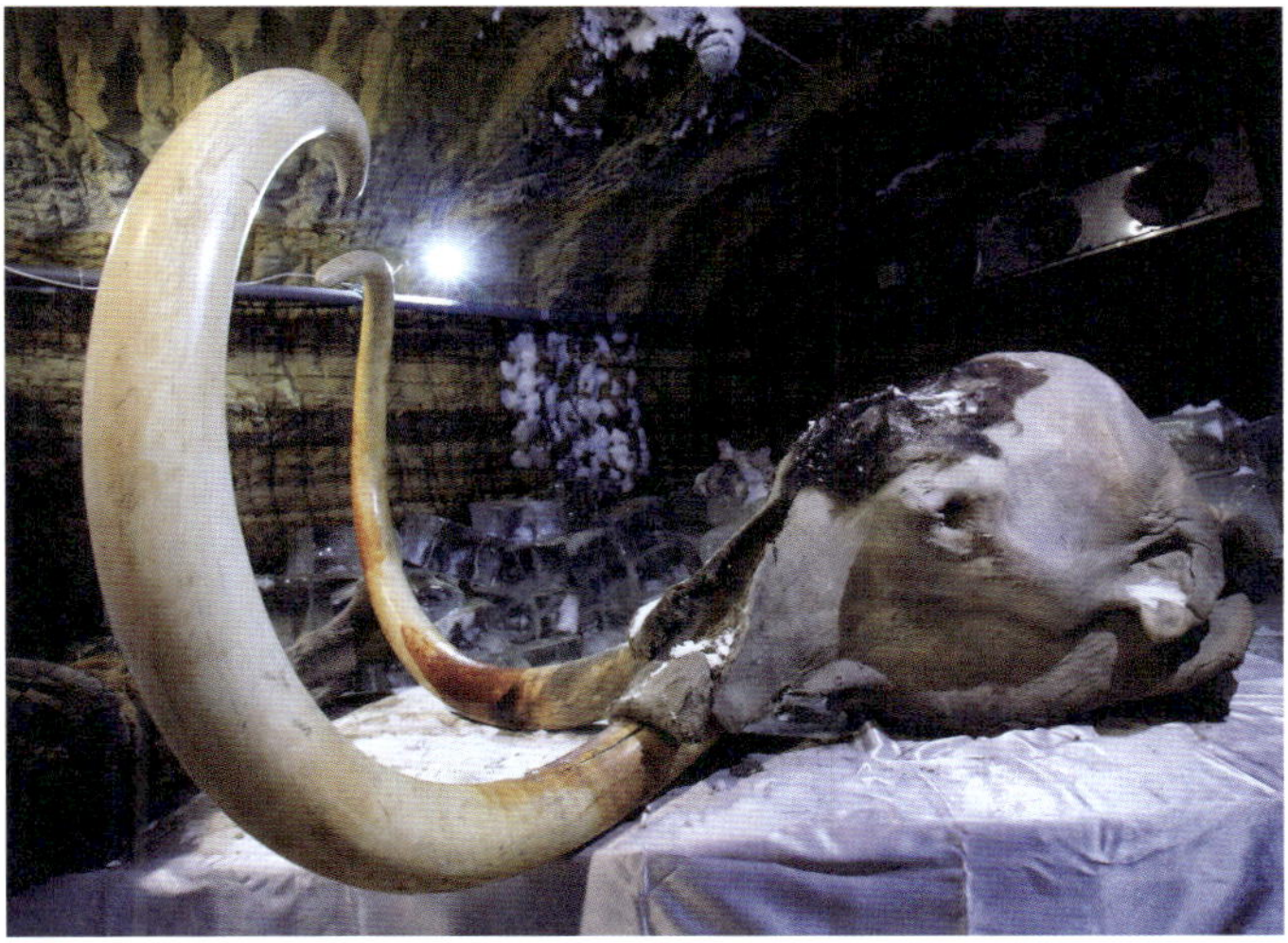

図1　ヤクーツク市郊外の永久凍土に保管されている「ユカギルマンモス」。湾曲した牙の長さは2メートル以上あり、雄とみられる。愛知万博でも展示された（撮影：北波智史 / 北海道新聞）

た。私が所属する札幌の大学の研究室までわざわざやってくるグループもあり、その熱気に驚かされました。

そんなタイミングで、愛知万博でユカギルマンモスが公開されたのです。これを契機にマンモス復元の機運は一気にふくれあがりました。私からすると、それはいささか迷惑でもありましたが…。

その頃の復元計画は、マンモスと近縁種《きんえんしゅ》であるアフリカゾウの卵子にマンモスのオスから抽出《ちゅうしゅつ》した精子を受精させ、代理母になるアフリカゾウのメスの胎内《たいない》に戻してマンモスを出産させるというものでした(図2)。私のところにも、この方法でマンモスをなんとか復元したいという人が訪ねてきて、凍結状態のマンモスを発見できる可能性について質問されました。

私はそれに対して「成獣《せいじゅう》のマンモスが全身凍結で発見されたのは一七九九年のアダムスのマンモスと、一九〇四年のベゾウフスカのマンモスだけであり、その発見は一〇〇年に一回である」とお答えしました。

しかも、もし新たに凍結状態のマンモスが発見されたとしても、その個体がオスである確率は五〇パーセントなので、オスの個体を発見できる頻度《ひんど》は

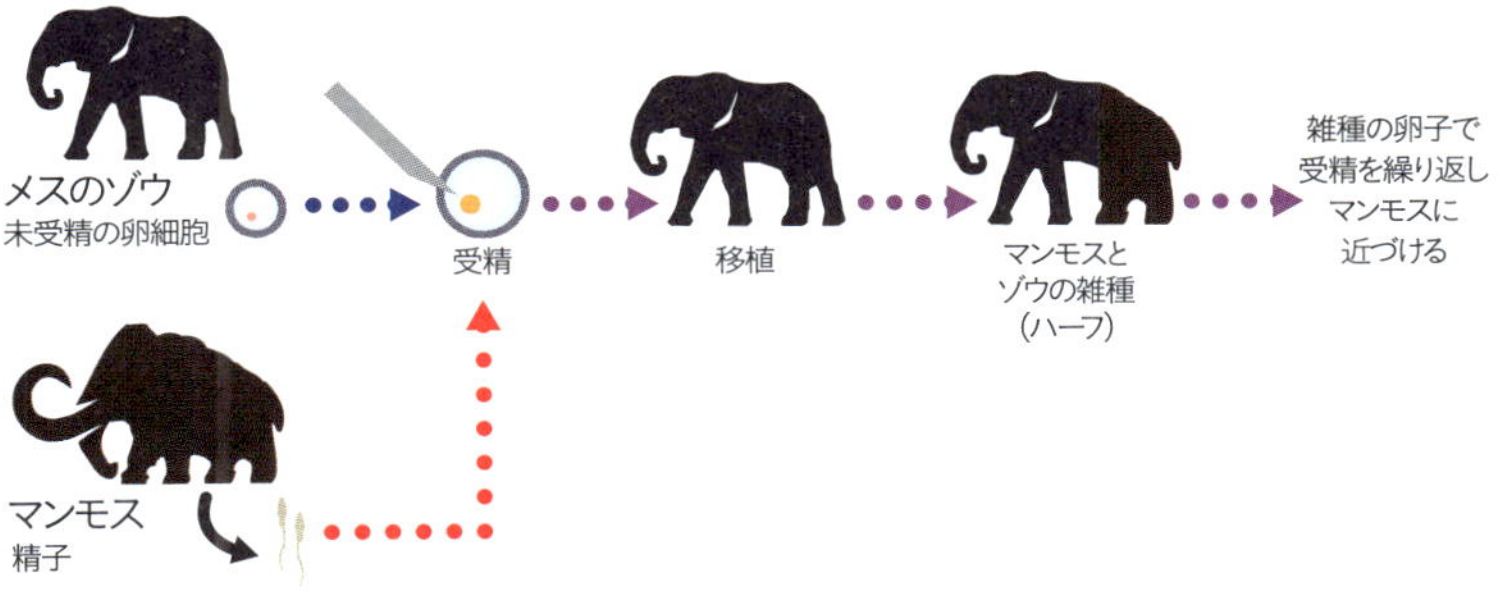

図 2 ｜ 冷凍マンモスの精子を使った人工授精での復元

二〇〇年に一回ということになります。私を訪ねてきた研究者はそれでも後日、凍結状態のオスのマンモスを探しに、コリマ川まで出かけました。無論、発見はできず、バイソンの皮膚を見つけただけでした。さらに別のグループもシベリアに出かけて凍結マンモスを探したそうですが、結果的にうまくいきませんでした。

ただし、マンモスのオスの精子をアフリカゾウの卵子に受精させることができても、誕生するのは混血のゾウで遺伝形質上、マンモスの特徴は半分にすぎません。ところが再生医療分野では、直接細胞に操作を加えて核を取り除き、そのあとで細胞分裂を起こさせる体細胞クローン手法が考案されました。この手法であれば一〇〇パーセント、マンモスの遺伝形質のゾウが生まれることになります（図3）。

このクローン手法でマンモス復元計画にまず名乗りを上げたのは、元ソウル大学の黄禹錫（ファン・ウソク）教授です。彼は二〇〇四年と二〇〇五年にヒトの胚《はい》性《せい》幹《かん》細《さい》胞《ぼう》（ES細胞）の論文を著名な科学誌「ネイチャー」に発表し、韓国初のノーベル賞候補と注目されました。しかし、論文のねつ造や卵細胞の

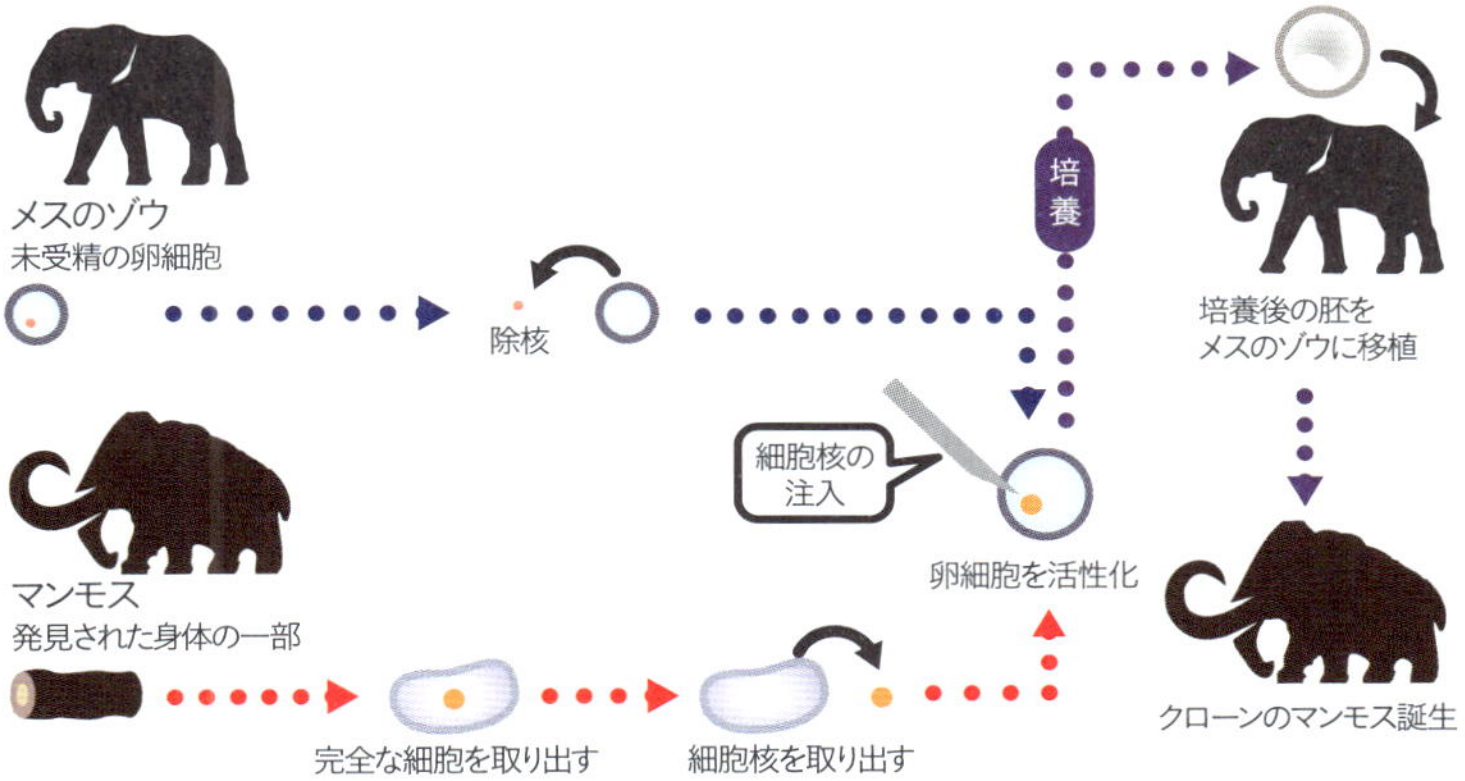

図３　｜冷凍マンモスの細胞を使ったクローンでの復元

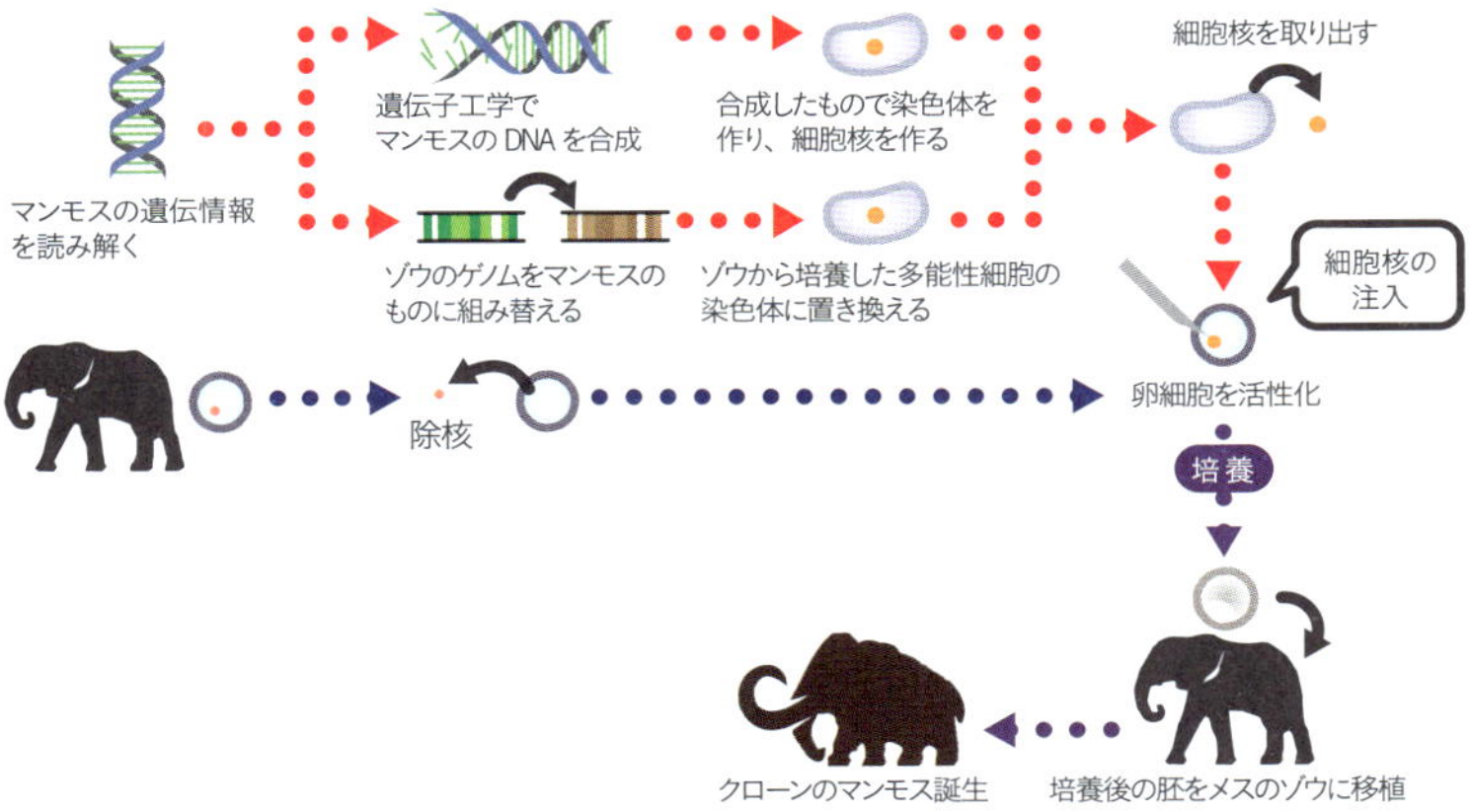

図４　｜マンモスの合成ゲノムを使ったクローンでの復元

取り扱い上の倫理《りんり》規定《きてい》違反《いはん》などで批判され、論文取り下げなどで学界から追放されました。ところがその後、彼はヤクーツクの北東連邦大学と手を組んでクローン技術を駆使し、マンモス復元を目指し始めたのです。

そして二〇一六年七月二九日付のシベリアで発行された新聞（シベリアタイムズ）に、間もなくマンモスが誕生するという記事が掲載されました。そこにはウソク教授らが永久凍土地域でマンモスを発掘する様子や、ヤクーツクに持ち帰ったマンモスの一部からサンプルを採取する様子の写真も掲載されています。不思議なことに、まったく無関係な時期にヤクーツクを訪問したプーチン大統領《だいとうりょう》がマンモスセンターを訪問した際の写真も併せて掲載されていました。いかにもこの復元プロジェクトが国家的な支援を得ているような印象を与えています。しかし、その後マンモスベビーが誕生したとのニュースが出てこないところを見ると、復元プロジェクトは失敗したのでしょうか？

もし失敗したのなら、その原因は永久凍土から掘り出したマンモスの遺伝子が損傷しているからだとする意見があります。二〇一五年にアメリカのロングナウ財団の講演会で、カリフォルニア大学サンタクルス校のベス・シャピロ教授がその対処法について述べていました。

　永久凍土に埋まっている間に宇宙から降り注いでいた宇宙線《うちゅうせん》で、マンモスの遺伝子（DNA）の塩基配列《えんきはいれつ》は切断されます。ですから、マンモスから抽出《ちゅうしゅつ》した遺伝子をそのままゾウの細胞に入れても、細胞分裂はうまく進行しないのです。そこで遺伝子組み換え技術であるゲノム編集手法（CRISPR/Cas9）を応用して、バラバラになったマンモスの遺伝子の塩基配列を修復すれば、マンモスを復元できるというものです（図4）。

　二〇一七年にボストンで開催されたアメリカ科学振興協会の年次大会で、ハーバード大学のジョージ・チャーチ教授は、このクローン技術でマンモスを復元することは可能であると発表しました。しかし話はそれほど単純ではありません。バラバラになった遺伝子の塩基配列を修復するゲノム編集手法には、莫大《ばくだい》な経費と時間がかかります。そのためハーバード大学でさえもまだ計画段階のようです。

　また、日本のグループ（近畿大学と岐阜県畜産研究所）も二〇〇二年にシベリアのサハ共和国での現地調査で、肉片の付着したマンモスの骨を発見し、これでDNAの抽出を試みました。そして二〇一二年六月二〇日付の日本経済新聞では、近畿大学とサハ共和国科学アカデミーがマンモス復元共同プロジェクトを立ち上げたと報道されています。二〇一〇年にシベリアで発見された推定年齢が一〇歳のメスマンモス「ユカ」(図5)から試料を採取し、クローン手法でマンモスの復元を目指すというものです。残念ながらこちらも、その後成功したとの報告はまだありません。

ロシアのあるグループは、復元したマンモスをコリマ川の下流ツンドラで飼育し、それを見学させる公園(テーマパーク)の設立を目指しています。私はコリマ川下流の都市であるチェルスキーを訪問した折、このグループメンバーの代表と出会い、公園設立に投資しないかと誘われました。公園の名称はすでに「プライストシーンパーク」で商標登録がすませてありました。映画「ジュラシックパーク」を真似ています。恐竜のいた地質年代はジュラシック、マンモスの生息した地質年代がプライストシーンだからです。最近はアメリカで共同出資者を募っているとのことです。これはビジネスとしてマンモス復元で一儲けを狙っての計画です。同じような話は他のグループからも聞か

図5　シベリアのノヴォシビルスク島で発見された推定年齢10歳のメスマンモス「ユカ」（写真：アフロ）

されました。クローン技術で手柄をあげたい研究者と、復元マンモスで儲けを企む山師との出会いの場がどうもあるようです。

マンモスの復元への批判

世間を騒がせたSTAP細胞の事件を思い出してください。科学誌「ネイチャー」にSTAP細胞についての論文が掲載された後に、明確にこの論文への疑念を表明したのはカリフォルニア大学デイビス校のポール・ノフラー教授でした。彼は遺伝工学《いでんこうがく》を専門としていますが、同時に生命倫理について多くの著書を出しています。彼はSTAP細胞の論文が出てすぐに彼自身がSTAP細胞作成を試みたものの、どうしても成功しませんでした。そこで自分のホームページに失敗の状況を公開し、他のグループに追試結果について報告を求めました。すると世界各地から同じように失敗の報告が寄せられたのです。そこでSTAP細胞の原著者《げんちょしゃ》に対して、だれが追試をしても成功するような手順や内容を示した新たな論文を示すように要望しました。

ノフラー教授は遺伝子工学の専門家として、マンモス復元プロジェクトについても疑念を抱いています。まず目的が純科学から逸脱《いつだつ》し、ビジネス目的、つまり見せ物になっていることです。講演会で彼は「もしそうしたプライストシーンパークができたら、正直、見たくなるだろう」と述べています。

ですが、マンモス復元計画の倫理上の問題については、「ゾウの妊娠期間は二年であり、しかも象は五年に一回しか排卵しない。マンモスのクローン作成を目指すとなれば、どれだけのゾウを犠牲《ぎせい》にしなければならないのか。絶滅の危機を加速させるような行為をしてよいのか」と述べています。さらにクローン技術でゲノム編集手法を適用すると、その延長上にはヒトへの適用が見えてきます。実際に中国の研究グループが遺伝子組み換えヒト胚《はい》の実験を行ったのではないかという疑念が持たれています。

なぜノフラー教授は、こうした遺伝子工学でのゲノム編集がヒトへ適用されることを心配しているのでしょうか。彼は自身の生い立ちにあると述べています。

彼の父親は一九二九年にウィーンで生まれました。その後ナチスの台頭でヨーロッパではユダヤ人の迫害《はくがい》と大量虐殺《ぎゃくさつ》が起こりました。ユダヤ人である彼の父親も迫害を逃れてアメリカに渡りました。ユダヤ人迫害の根拠になっていたのが、ナチスの優生学的思想《ゆうせいがくてきしそう》です。人種的に優れた者だけが生存を許されるという思想です。ナチスは優秀なゲルマン民族をどのように増やすかの研究を行っていました。ヒトの遺伝子情報を操作することは、ヒトの機能強化で優秀な者を増やそうという考えにつながりかねません。彼はゲノム編集による遺伝子操作が過去の優生学的思想と結びつくことを心配しているのです。

彼は講演の中で、このままゲノム編集の動きを続ければ、二〇三〇年には「デザイナーベビー」が生まれるだろうと予測しています。彼はゲノム編集による遺伝子操作を、禁止ではなく凍結して猶予期間《ゆうよきかん》を設けるべきと提案しています。

私もマンモスの復元はまだ行うべきではないと考えます。生命倫理と遺伝子操作によるクローン創出について、専門家だけでなく、広く社会全体で話し合っていかなければなりません。マンモスを復元するにはまだ早いのです。

図６　この地球にマンモスが復活する日は来るのだろうか？
（イラスト：AuntSpray/Shutterstock.com）

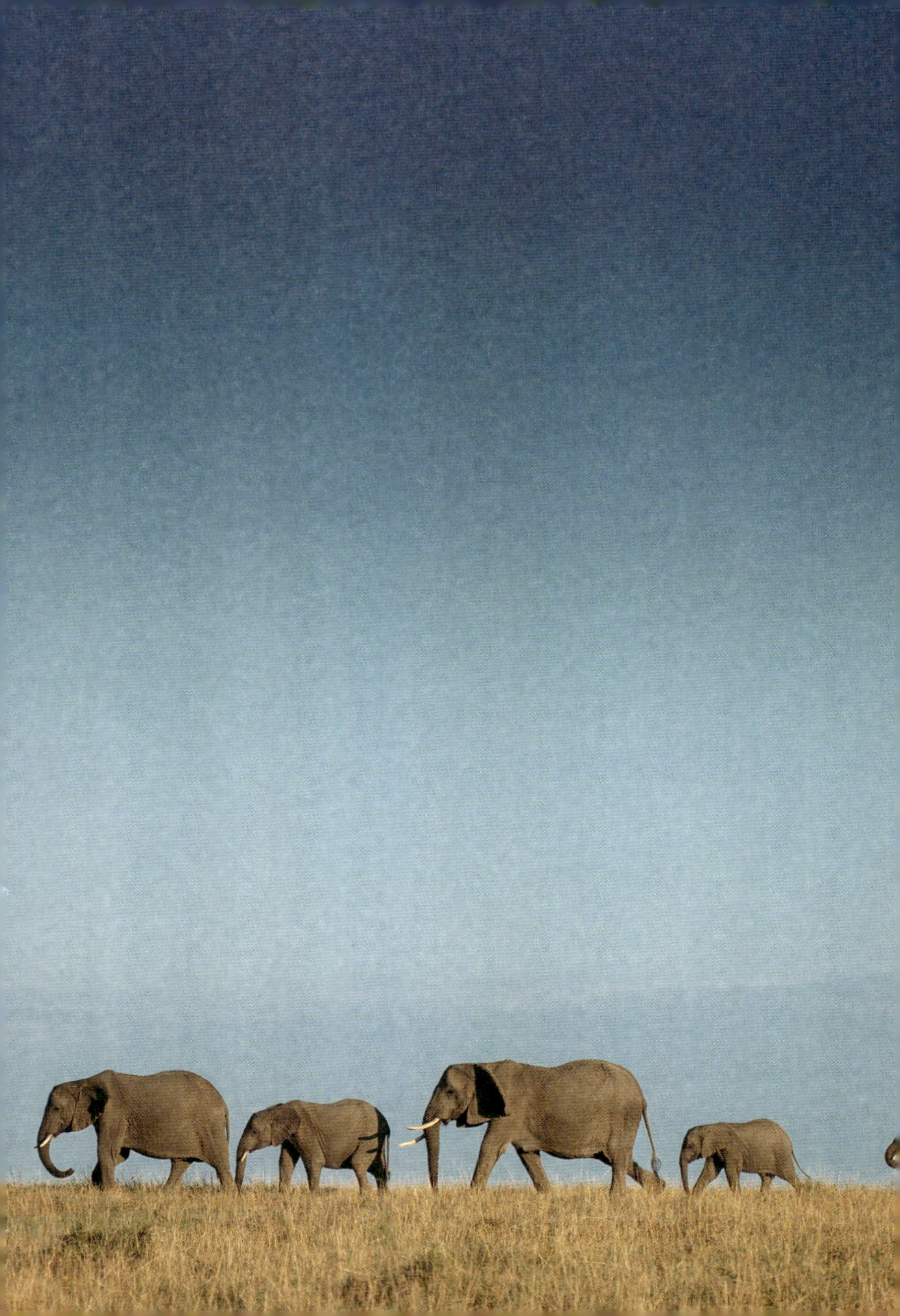

図7　大平原を悠々と闊歩するアフリカゾウの家族
（写真：costas anton dumitrescu/Shutterstock.com）

ゾウが危ない
―いま在るいのちを守る―

マンモスの絶滅にも、少なからず人間の出現が関わっていました。

そして現在、アフリカゾウとアジアゾウの数は激減しています。このまま現状を放置すると絶滅は間違いないでしょう。その原因は、明らかに人間の問題なのです。

アジアでは現在人口が急増しており、それに伴う森林伐採や農地開拓などで、その地に棲んでいたアジアゾウは追いやられ、数がどんどん減少しています。

とくに深刻なアフリカゾウの状況を見てみましょう。アフリカゾウは象牙の採取目的や食用として密猟で急激に数を減らしています。さらに大きな影響を与えているのは、拡大する森林火災です（図8）。

ＮＡＳＡの衛星ＭＯＤＩＳのさまざまな光波長バンドの情報で、地上の火災発生をモニタリングしたものを見てみましょう。赤い点は一平方キロメートル以上の森林火災で、赤の点が重なっている火災の激しい場所は黄色になっています。赤道を挟んで一月には北側で、九月には南側で火災が発生しています。これは雨を降らせる前線帯の季節移動を反映し、乾季には火災が多発することを示しています。赤道の北側はサバンナでサヘル、南側のサバンナはミヨンボと呼びます。いずれのサバンナもアフリカゾウの活動する場所です。アフリカの森林火災の原因は、ほぼすべて焼畑など人為的なものです。

こうしたアフリカで多発する森林火災による焼失面積は、全世界の面積の四七パーセントも占めています。そして森林が消失していくことは、アフリカゾウにとって生息場所がなくなることを意味します。

アフリカの森林火災をどのように抑制するかについて、日本政府も支援をしています。その一環で、私は二〇一一年九月に東アフリカのマラウイのカスング国立公園で森林火災調査を実施しました。現地に入ったのは一週間ほど前に火災が収まったばかりのころでした。公園のレンジャーによるとアフリカゾウの密猟者や蜂蜜《はちみつ》採取者、あるいは地ネズミを追い出す者が森に火を

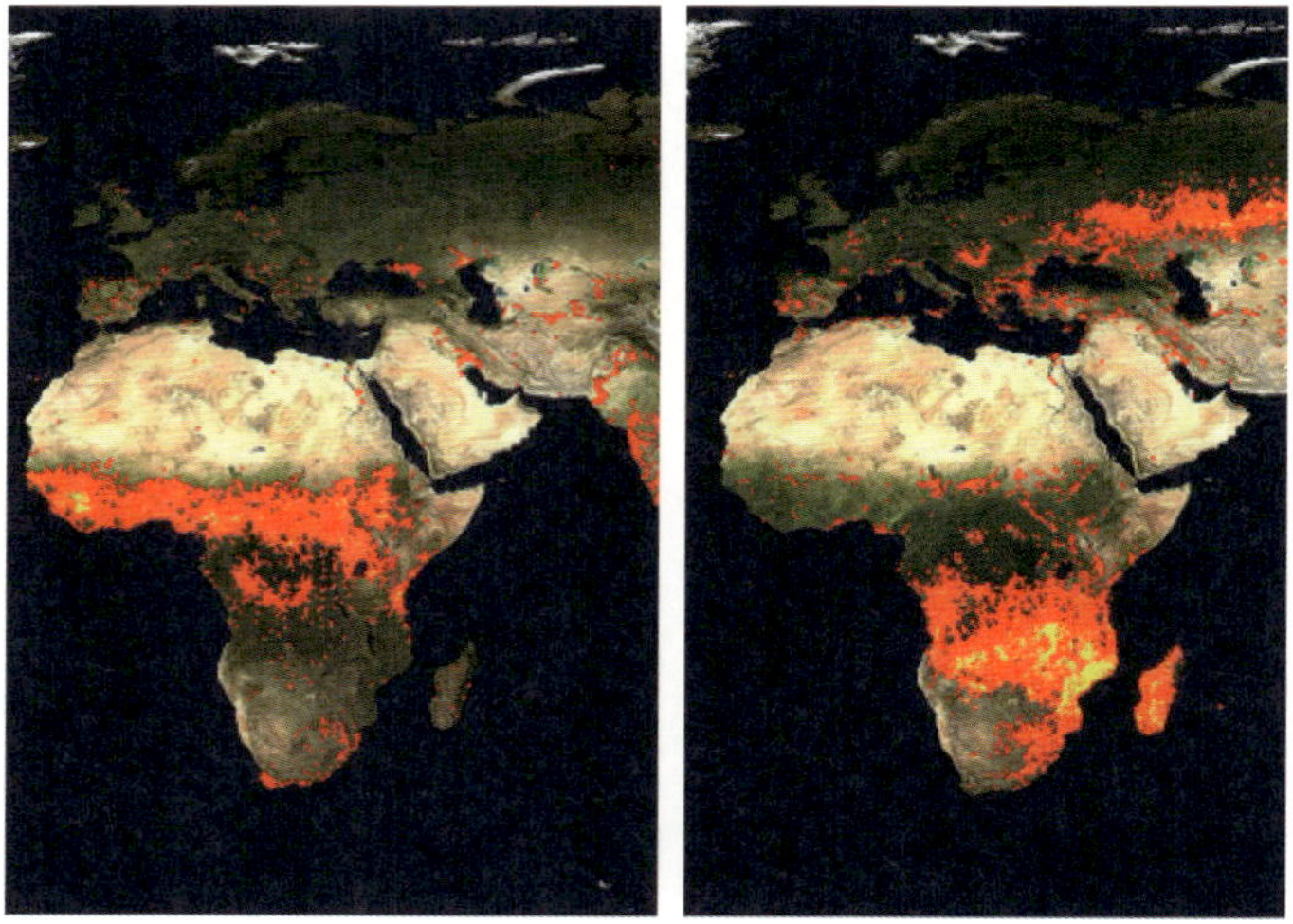

図8　衛星で地上の火災発生をモニタリングした画像。
写真左：1月、写真右：9月（写真提供：NASA）

放つそうです。ちなみに、地ネズミは食用として道路沿いで売っていました。

森林火災の跡地を車で走行していると、突然アフリカゾウが現れました。異常にやせ細っています（図９）。草や木の葉が火災で焼失し、エサを求めてふらふらと歩いていました。同行したレンジャーの話では、このアフリカゾウはもう生き残れないだろうとのことでした。一九七〇年には、カスング国立公園には推定一五〇〇頭のアフリカゾウが生息していました。今は多くても一五〇頭程度であろうとのこと。まさに絶滅寸前のアフリカゾウの悲しい姿でした。

マンモスのように、アフリカゾウやアジアゾウにとどまらず、他の動物までも人が滅ぼしてしまうという悲劇が再発するかもしれません。密猟や森林火災をどのように抑制するか、日本としては早期に火災を検知するための人工衛星の技術を提供する予定です。ゾウの問題は、人類に過ちを繰り返させないという重い責任を持つ問題でもあります。この地球に生きている以上、動物と共存していくということを人間は学ばなければなりません。

図9｜森林火災の跡地で出会った、やせ細ったアフリカゾウの悲しい姿。

おわりに

永久凍土《えいきゅうとうど》の調査のため訪れた極北シベリアには、かつて生息していたマンモスの痕跡《こんせき》が多く見つかりました。こんなにたくさんいたマンモスは、なぜ姿を消したのか。マンモスの牙や体の一部を発見しても、日に日に謎は深まるばかりでした。

現地での調査と研究の合間に、関連する資料を集めたり、モスクワ大学や科学アカデミーの古生物《こせいぶつ》研究所の研究者を訪ねたりしながら、私はマンモス絶滅の謎解きを続けました。

永久凍土に分布する巨大な氷のエドマの起源と成因《せいいん》、地球温暖化による永久凍土の融解《ゆうかい》が主な研究テーマでしたが、この研究が一段落するとマンモスの絶滅の謎の解明に取り掛かりました。

すると、永久凍土のダイナミックな変動の歴史とマンモス絶滅のストーリーとは絡み合っていることに気が付きました。また、研究の成果の一環で、極北シベリアの植生《しょくせい》が復元でき、二万年前の極北シベリアは草も生えない荒れた大地だったとわかりました。これがマンモス絶滅の謎を解明する一番重要な手がかりになりました。

ジグソーパズルの穴にピースを一枚ずつはめてゆくように、少しずつ全体像が見えてきました。証拠や間接証拠の積み重ねで、マンモス絶滅の真犯人探しの推理小説のようなつもりでこの本を書きました。

マンモスについては謎がまだまだ多く、これからも研究を続けていくことで、ひとつひとつ謎が紐解かれていくと思います。クローン化の問題をはじめ、二万年前から始まった人とマンモスとの深い関わりは、これからも長く続いていくでしょう。

参考文献

マンモスはなぜ絶滅したか　ベレスチャーギン著　金光不二夫訳　東海大学出版会
シベリアのマンモス　E・W・フィッツェンマイヤー著　三保元訳　法政大学出版局
日本に象がいたころ　亀井節夫著　岩波新書
絶滅動物の予言　五十嵐享平　岡部聡　村田真一　情報センター出版
大氷河時代　井尻正二編　東海大学出版会
モンゴロイドの道　科学朝日編　朝日新聞社
北極大陸物語　A・コンドラトフ著　斉藤晨二訳　地人書房
IAN M.LANGE, *ICE AGE MAMMALS OF NORTH AMERICA*：
A GUIDE TO the BIG the HAIRY and the BIZARRE. Mountain Press Publish Company
R.DALE GUTHRIE, *FROZEN FAUNA OF THE MAMMOTH STEPPE*：
The Story of Blue Babe. The University of Chicago Press

福田正己（ふくだ まさみ）

1972年 東京大学理学系大学院博士課程修了・理学博士取得。1974年 北海道大学低温科学研究所 助手。1986年 北海道大学低温科学研究所 助教授。1990 ～ 2007年 北海道大学低温科学研究所 教授。1995 ～ 1998年 東京大学理学系研究科大学院流動講座 併任教授。1999 ～ 2004年 放送大学 客員教授。2007 ～ 2010年 アラスカ大学国際北極圏研究センター 教授。2011 ～ 2015年 福山市立大学 教授。現在、北海道大学名誉教授。

マンモス

—絶滅《ぜつめつ》の謎《なぞ》からクローン化《か》まで—

2017年7月21日　発　行　　　NDC 457

著　者　福田正己《ふくだまさみ》
発行者　小川雄一
発行所　株式会社 誠文堂新光社
〒113-0033　東京都文京区本郷3-3-11
（編集）電話　03-5805-7761
（営業）電話　03-5800-5780
http://www.seibundo-shinkosha.net/
印刷所　株式会社 大熊整美堂
製本所　株式会社 ブロケード

ISBN978-4-416- 61738-0

装丁・デザイン　草薙伸行（Planet Plan Design Works）
イラスト　えびなみつる
図版　和泉奈津子、プラスアルファ
協力　北海道大学総合博物館、国立科学博物館、
北海道博物館、アラスカ大学博物館、
中国古動物館、ユーコン準州観光局、北海道新聞、
キヤノンイメージングジャパン株式会社
五十嵐恒一、五十嵐八枝子、高橋英樹、
Shutterstock、アフロ、Getty Images